James M. Higgins · Gerold G. Wiese
Innovationsmanagement

Springer

Berlin
Heidelberg
New York
Barcelona
Budapest
Hongkong
London
Mailand
Paris
Santa Clara
Singapur
Tokio

James M. Higgins · Gerold G. Wiese

Innovationsmanagement

Kreativitätstechniken für den unternehmerischen Erfolg

Mit 41 Abbildungen

 Springer

James M. Higgins, PH. D.
Winter Park, Fl.
USA

Dipl.-Ing. Gerold G. Wiese
Freiherr-vom-Stein-Str. 19
35516 Münzenberg

ISBN 3-540-60572-X Springer-Verlag Berlin Heidelberg New York

Die Deutsche Biliothek – CIP-Einheitsaufnahme
Higgins, James M.; Wiese, Gerold G.: Innovationsmanagement : Kreativitätstechniken für
Unternehmen / James M. Higgins ; Gerold G. Wiese. – Berlin ; Heidelberg ; New York :
Springer, 1996
 ISBN 3-540-60572-X
NE: Wiese, Gerold G.:

Die Wiedergabe von Gebrauchsnamen, Handelsnamen, Warenbezeichnungen usw. in diesem
Buch berechtigt auch ohne besondere Kennzeichnung nicht zu der Annahme, daß solche
Namen im Sinne der Warenzeichen- und Markenschutz-Gesetzgebung als frei zu betrachten
wären und daher von jedermann benutzt werden dürften.

Sollte in diesem Werk direkt oder indirekt auf Gesetze, Vorschriften oder Richtlinien (z.B.
DIN, VDI, VDE) Bezug genommen oder aus ihnen zitiert worden sein, so kann der Verlag
keine Gewähr für die Richtigkeit, Vollständigkeit oder Aktualität übernehmen. Es empfiehlt
sich, gegebenenfalls für die eigenen Arbeiten die vollständigen Vorschriften oder Richtlinien
in der jeweils gültigen Fassung hinzuzuziehen.

Einbandgestaltung: Künkel + Lopka, Ilvesheim
Satz: Datenkonvertierung durch Fotosatz-Service Köhler OHG, Würzburg
Herstellung: PRODUserv Springer Produktions-Gesellschaft, Berlin
SPIN: 10508741   7/3020 - 5 4 3 2 1 0 – Gedruckt auf säurefreiem Papier

Dieses Buch ist denjenigen gewidmet,
die effektiver zum gemeinsamen Erfolg ihrer Teams,
Organisationen und ihrer Gesellschaft
mit konstruktiv-kreativem Handeln beitragen wollen.

Danksagung

Dieses Buch ist das Werk vieler. Wir danken unseren Partnern, Förderern und Freunden in Wirtschaft, Wissenschaft und Politik für ihre Unterstützung, ihre Geduld und ihr Verständnis für unsere gemeinsamen Überzeugungen.

In zahlreichen Gesprächen mit progressiven Führungskräften wurden wir ermutigt, das Werk in der vorliegenden Form zu verfassen. International erfahrene Kreative haben uns aus der Praxis heraus beraten, damit wir die hier vorgestellten Kreativitätstechniken realitätsnah darstellen konnten.

Den Führungspersönlichkeiten, die uns mit ihren konstruktiven Vorschlägen zu diesem „Kreativitäts-Handbuch" unterstützt haben, gebührt ein ganz besonderer Dank:

Dr. Ing. Hermann Bertram (Leiter der Technologie Beratung, IHK-Frankfurt); Hr. Karl-Heinz Lust (Gesellschafter & Geschäftsführer der Lust-Antriebstechnik); Minister Lothar Klemm (Hess. Minister für Wirtschaft, Verkehr & Landesentwicklung); Dr. Heinz Pfannschmidt (Geschäftsführer Technik, Hella KG Hueck & Co.); Dr. Günther Prescher (Direktor der Forschung & Entwicklung, Degussa AG-Hanau).

Den Mitarbeitern des Springer Verlages sowie allen, die bei der Erstellung dieses Buches mitgewirkt haben, danken wir herzlichst. Für die häufig und stark geprüfte Geduld und die Unterstützung unserer Familien bedanken wir uns ganz besonders. Im voraus bedanken wir uns bei den Lesern für ihr Interesse an der einzigen uns bekannten „unerschöpflichen Ressource", der menschlichen Kreativität.

Vorwort

Die Führungsebene, Teamleiter und alle anderen Mitarbeiter der Unternehmen sehen sich im kommenden Jahrhundert u.a. folgenden Herausforderungen gegenüber:

- Wirtschaftlicher Wandel und Paradigmenwechsel beschleunigen sich.
- Markt- und Wettbewerbsbedingungen in den wichtigsten Wirtschaftsräumen werden instabiler.
- Die Produktlebenszyklen verkürzen sich.
- Die Zahl kompetenter Wettbewerber steigt dramatisch.
- Die Globalisierung der Märkte setzt sich fort.
- Neue Technologien werden in atemberaubendem Tempo eingeführt.
- Die Belegschaften werden heterogener.
- Wichtige Ressourcen werden knapper, dazu gehören auch besonders qualifizierte Spezialisten.
- Die Entwicklung von einer industriell-fertigenden hin zu einer wissen- und informationsverarbeitenden Gesellschaft setzt sich fort.
- Unser gesamtes Geschäftsumfeld wird komplexer.

Um diese Herausforderungen und die aus ihnen erwachsenden Möglichkeiten besser zu meistern, müssen wir die kreativen Problemlösungsprozesse effektiver gestalten, sie unseren spezifischen Bedürfnissen anpassen und konsequenter einsetzen. Die Unternehmen müssen ihr Kreativitätspotential schneller und gewinnbringender in marktgerechte Innovationen umwandeln. Dies ist nur möglich, wenn die Organisationen ein Klima schaffen, in dem wettbewerbsfähigere Innovationen entstehen können. Der situationsspezifische Einsatz leistungsfähiger KPL-Techniken ist zur Sicherung Ihres langfristigen Erfolges unabdingbar.

Deutschlands größter Elektrokonzern, die Siemens AG, hat diese Notwendigkeit erkannt. Für die Förderung der Kreativität nennt ihr

Vorstandsvorsitzender, Dr. Heinrich v. Pierer, eine Investitionssumme von acht Milliarden DM [1]. Er sieht die Entwicklung der firmeninternen Innovationsprozesse in direkter Abhängigkeit von einer zu schaffenden „Geisteshaltung, mit der Innovationen besser gedeihen können" [2].

Diese Geisteshaltung basiert in wirtschaftlicher Hinsicht wesentlich auf dem Ineinander-Verwobensein folgender Prozesse:

- persönliche Kreativität der Mitarbeiter, die konstruktiv in teamorientierte Kreativität und Innovation einbezogen wird;
- Gestaltung der Arbeitsplätze, die kreatives Denken und Handeln sichtbar fördern;
- Anwendung kreativer Problemlösungstechniken.

Erst das konstruktive Zusammenwirken dieser Faktoren ermöglicht die notwendigen Innovationen. Dies gilt neben Produkt-, Prozeß- und Marketinginnovationen auch für die bedarfsgerechten Führungsinnovationen.

Das vorliegende Buch wird Ihnen beim Erlernen und Anwenden der jeweils geeigneten KPL-Techniken ein leistungsfähiger und treuer Gefährte sein. Mit diesen KPL-Techniken können Sie die Effektivität Ihrer konstruktiv-kreativen Leistungen signifikant verbessern.

Im ersten Teil des Buches werden die Grundprinzipien der KPL-Techniken beschrieben, mit deren Einsatz die individuelle und Teamkreativität zur Entwicklung innovativer Produkte und Prozesse führt. Mit einer Vielfalt bewährter KPL-Techniken macht Sie der anschließende Teil des Buches vertraut.

Vom Führungspersonal bis hin zu den ausführenden Mitarbeitern werden alle ihren ganzheitlichen Nutzen aus den anwenderfreundlich erklärten KPL-Techniken ziehen können. Hierdurch sprudelt die einzige „Endlos-Ressource", die menschliche Kreativität. Es ist unsere Natur, kreativ sein zu wollen. So kann jeder entschieden zur Sicherung der langfristigen Wettbewerbsfähigkeit seiner Organisation und der Gesellschaft beitragen.

Zum Schluß werden Sie ermutigt, auch Ihrer Intuition zu trauen und diese innovationsfördernd einzusetzen. Es werden Ihnen bewährte Erfahrungen für die ganzheitliche Geschäftsentwicklung und zur marktgerechten Implementierung der kreativen Ideen präsentiert.

Inhaltsverzeichnis

1 Innovation als Schlüssel zum Erfolg

1.1	Kreativität und Innovation	6
1.1.1	Kreativität - das Sprungbrett zur Innovation	8
1.2	Die vier Ps der Kreativität und ihr Zusammenspiel	9
1.2.1	Das Produkt als Resultat des kreativen und innovativen Prozesses	11
1.2.2	Die perspektivischen und organisatorischen Möglichkeiten für Kreativität und Innovation	12
1.2.3	Die kreativen Prozesse als Wegbereiter der Innovation	12
1.2.4	Die persönliche und teamorientierte Kreativität	13
1.3	Die vier Typen der Innovation	13
1.3.1	Produkt-Innovation	14
1.3.2	Prozeß-Innovation	14
1.3.3	Marketing-Innovation	14
1.3.4	Führungs-Innovation	14
	Literatur	17

2 Der kreative Lösungsprozeß für Probleme und Möglichkeiten

2.1	Der Lösungsprozeß für Probleme	21
2.2	„Kreativität" in die Problemlösung einbauen	33
2.3	Verschiedene KPL-Techniken	34
	Literatur	34

3 KPL-Techniken zur Analyse des Umfelds

3.1	Vergleich mit anderen: „Benchmarking", „Beste Praktiken"	39
3.2	Visionäre Praktiker oder andere Berater einsetzen	40
3.3	Wahrnehmung schwacher Signale	41

3.4   Suche nach Möglichkeiten 42
        Literatur 42

4 KPL-Techniken zur Wahrnehmung der Probleme

4.1   Camelot 45
4.2   Checklisten 46
4.3   Inversives Brainstorming 46
4.4   Limericks und Parodien 47
4.5   Beschwerden sammeln 47
4.6   Auf jemanden reagieren 47
4.7   Rollenspiele 47
4.8   Vorschlagswesen und -programme 48
4.9   „Workshops & Workouts" und andere
        Gruppenaktivitäten 49
        Literatur 49

5 KPL-Techniken zur Identifizierung der Probleme

5.1   Die Meinung eines anderen einholen 53
5.2   Übereinstimmung entwickeln 53
5.3   Das Problem bildlich darstellen 54
5.4   „Erfahrungskit" 54
5.5   Fischgräten-Diagramme 54
5.6   „Burgherrschaft" 57
5.7   Neudefinition des Problems 58
5.8   Unterschiedliche Objekt- bzw. Kriterienbeschreibung 58
5.9   „Stauchen und Strecken" 59
5.10   Was wissen Sie über das Problem? 60
5.11   Welche Muster existieren? 60
5.12   „Warum-Warum-Diagramm" 61
5.13   Abschließende Bemerkungen 63
        Literatur 63

6 KPL-Techniken zur Aufstellung der Annahmen

6.1   Umkehrung der Annahme 67
6.2   Risiken beim Aufstellen der Annahmen 68
6.3   Die positiven Kräfte im Risiko nutzen 69
        Literatur 71

7 KPL-Techniken zur Entwicklung der Alternativen

7.1	Individuelle Techniken	75
7.1.1	Analogien und Metapher	76
7.1.2	Analysen vergangener Lösungen	79
7.1.3	Assoziationen	79
7.1.4	Attribute - Assoziationsketten	82
7.1.5	Attribute auflisten	83
7.1.6	„Zurück zum Kunden" und seinen Bedürfnissen	85
7.1.7	„Zurück zur Sonne"	86
7.1.8	Kreis der Möglichkeiten	87
7.1.9	KPL-Computerprogramme	89
7.1.10	Termine einhalten	90
7.1.11	Direkte Analogien	91
7.1.12	Ideenquellen aufbauen	94
7.1.13	Überprüfen Sie es mit den Sinnen	95
7.1.14	Die FCB-Matrix	96
7.1.15	Objekt-Fokussierungstechnik	98
7.1.16	„Die neue Perspektive"	100
7.1.17	Gedankenfragmente in Regalfächern ordnen	100
7.1.18	Gedanken-Notizbuch	101
7.1.19	Input-Output	101
7.1.20	Hören Sie Musik!	103
7.1.21	Mind Mapping	104
7.1.22	Einsatzmöglichkeiten benennen	107
7.1.23	Napoleon-Technik	108
7.1.24	Organisierte Zufallssuche	108
7.1.25	Persönliche Analogien	108
7.1.26	Bildliche Stimulierung	109
7.1.27	Checkliste zur Verbesserung der Produkte	110
7.1.28	In-Beziehung-Setzen	111
7.1.29	„Verwandte" Worte	112
7.1.30	„Umkehrung und wieder zurück"	112
7.1.31	Im „Gras der Ideen" rollen	112
7.1.32	7 x 7 Technik	113
7.1.33	Schlafen Sie darüber / Träumen Sie davon!	115
7.1.34	„Zwei-Worte-Technik"	116
7.1.35	Kreativitätsstimulierung mit dem Computer	117
7.1.36	Verbale Checkliste der Kreativität	118

7.1.37   Visualisierung 122
7.1.38   „Was wäre, wenn ..." 122

7.2   Gruppentechniken 123
7.2.1   Brainstorming 126
7.2.2   Brainwriting 131
7.2.3   Brainwriting Pool 132
7.2.4   Brainwriting 6-3-5 133
7.2.5   Kreatives Imaging 134
7.2.6   Kreative Sprünge 135
7.2.7   Kreativitätskreise 136
7.2.8   Crawford Slip Methode 137
7.2.9   Delphi-Technik 140
7.2.10   Exkursionstechnik 142
7.2.11   Galeriemethode 145
7.2.12.   Gordon/Little-Technik 146
7.2.13   Systemunterstützte Gruppenentscheidungen 146
7.2.14   Ideen-Tafel 148
7.2.15   Ideenauslöser 148
7.2.16   Innovationskomitee 148
7.2.17   Unternehmensübergreifende Innovationsgruppen ... 149
7.2.18   Die Höhle des Löwen 149
7.2.19   „Lotusblüten-Technik" (Matsumura Yasuo) 150
7.2.20   Die Brainstorm-Technik von Mitsubishi 152
7.2.21   Morphologische Analyse (Konfrontationstechnik) ... 153
7.2.22   NHK-Methode 155
7.2.23   Nominale Gruppentechnik 156
7.2.24   Phillips-66-Methode (Diskussion 66) 159
7.2.25   Foto-Exkursion 160
7.2.26   Pin-Karten-Technik 160
7.2.27   Szenario-„Writing"-Technik 161
7.2.28   SIL-Methode 166
7.2.29   Storyboarding 166
7.2.30   Synectics 184
7.2.31   „Nimm fünf" 185
7.2.32   TKJ-Methode 186
          Literatur 188

8 KPL-Techniken zur Auswahl der Alternativen

8.1   Die Ideenbewertungsmatrix 193
8.2   Die Punktmarkierung - Bewertungsmethode 196
      Literatur 198

9 KPL-Techniken zur Implementierung der Alternativen

9.1   Das „Wie-Wie"-Diagramm 201
9.2   Der „Kämpfer" beim Ideenvermarkten 203
9.3   Der Integrierende Projektleiter (IPL) 205
9.4   Kräfte-Feld-Analyse 213
9.5   Zusätzliche Implementierungswerkzeuge 215
9.6   Organisationspolitik und Innovationen 220

10 KPL-Techniken zur Kontrolle der implementierten Alternativen

10.1   Konstruktives Lenken und Steuern durch den IPL .. 225
10.2   Prioritäten in der Projektkontrolle 228
10.3   Kontrolle durch den marktgerechten Projektplan 228

II Der Einsatz der KPL-Techniken

11.1   Setzen Sie verstärkt Ihre Intuition ein 233
11.2   Der Intrapreneur (Der Unternehmer im Unternehmen) 240
11.3   Synergieeffekte und Teamaktivitäten 241
11.4   Ganzheitliche Geschäftsentwicklung 243
11.5   Der langfristige Geschäftserfolg 244
11.6   Zusammensetzung des Projektteams 245
11.7   Abschließender Hinweis 246

      Anhang I Quickstart Referenz zu den KPL-Techniken
      und Prozessen 248
      Anhang II Erfolg durch den Einsatz der
      unerschöpflichen Ressource 259
      1. Wahrnehmung der Organistionskultur
         und Struktur (Woks) 260
      2. Wahrnehmung der persönlichen Präferenzen (WPP) 263

KAPITEL 1

INNOVATION
ALS
SCHLÜSSEL ZUM ERFOLG

1 Innovation als Schlüssel zum Erfolg

Als der PC-Chip-Gigant Intel von preisaggressiven Wettbewerbern mit preisgünstigen Nachbauten seiner eigenen CPU-Chips (C 86 und 286er) bedrängt wurde, besann sich das Unternehmen auf seine innovative Stärke. Intel beschleunigte seine Entwicklung am 386, dann 486 und schließlich am Pentium-Chip. Heute ist Intels Marktposition gefestigt [3].

Derartige innovative Leistungen sind nicht nur auf die Computerbranche begrenzt; in fast allen anderen Industriesegmenten treffen wir auf ähnlich beeindruckende Innovationen, die zum langfristigen Erfolg eines Unternehmens beitragen.

Die langfristige Sicherung internationaler Erfolge erfordert die Überwindung zahlreicher Unwägbarkeiten. Es gibt immer wieder Probleme, die ein Unternehmen schneller und kreativer als andere Mitbewerber in Marktmöglichkeiten umwandelt. Das Marktgeschehen wird in den nächsten Jahrzehnten mehr denn je durch proaktive Innovationen bestimmt sein. Konstruktiv-kreative Hochleistungsteams werden die folgenden strategischen Herausforderungen in zuverlässige Marktmöglichkeiten umwandeln müssen [4]:

1. Praktisch alle Geschäftsbereiche werden einem beschleunigten Wandel ausgesetzt.
2. Der Wettbewerb wird sich verschärfen.
3. Das Marktgeschehen wird - basierend auf kundenspezifischen und regionalen Varianten - in seiner globalen Ausrichtung zunehmen.
4. Neue Technologien werden in atemberaubender Geschwindigkeit eingeführt.
5. Der Faktor „Arbeitskraft" wird sich in seiner Gestalt und Substanz deutlich wandeln, ebenso die Werte und Erwartungen in den Arbeitsbeziehungen.
6. Die natürlichen Ressourcen werden überall knapper und teurer [5].

7. Die Wirtschaft wird sich von einer auf industrielle Fertigung ausgerichteten hin zu einer auf Dienstleistungen mit mehr Wissen und Information basierenden entwickeln.
8. Die Markt- und Wirtschaftssituationen werden undurchsichtiger, instabiler und komplexer.
9. Alle an Wirtschaft, Industrie und Gesellschaft Beteiligten stellen erhöhte Forderungen an die verschiedenen Organisationen.

Als eine Konsequenz derartiger Veränderungen und Fluktuationen wird sich jede Facette der Wirtschaft (übergeordnete Strategien ebenso wie tagtäglich zu verrichtende Arbeitsvorgänge) mit veränderten Problemen und Möglichkeiten neu ausbilden. Die Frage, die sich zwangsläufig stellt, lautet: Wie kann ein wirtschaftliches Unternehmen diesen Veränderungen wirkungsvoll begegnen? Oder anders gefragt: wie kann es überleben und angesichts dieser Veränderungen eine Weiterentwicklung erfahren?

Erst die von interdisziplinären Teams geschaffene, mit den Marktmöglichkeiten konformgehende Innovation wird den langfristigen Erfolg proaktiver Unternehmungen sichern.

Diese weltweit von führenden Unternehmensvertretern akzeptierte These [6] scheint in Deutschland zwar bekannt zu sein, ihre Umsetzung besitzt jedoch noch immer fragmentarischen Charakter. Diese Auffassung wird auch von Rolf Berth vertreten, der in seiner umfangreichen Studie mit dem hoffnungsvollen Titel „The Return of Innovation" feststellt, daß seit 1981 immer weniger Innovationen zum Gesamtumsatz deutscher Unternehmungen beitragen [7].

Das Diagramm von Abb. 1.1 zeigt die Entwicklung der internationalen Patentanmeldungen in der Zeitspanne von 1970-1989.

„Noch 1980 meldete die deutsche Industrie 21 % aller internationalen Patente an; sie lag damit auf Platz zwei hinter den USA. 1989, das letzte Jahr, für das das Münchner Ifo-Institut zuverlässige Daten ermitteln konnte, waren es nur mehr 17 %. Die deutsche Industrie hat sich von den Japanern deklassieren lassen. Die Bundesrepublik kann beim internationalen Innovationstempo nicht mehr mithalten. Die Japaner steigerten ihre Patentanmeldungen in den USA, dem weitaus wichtigsten Markt zur Verwertung von Inventionen, von 1980 bis 1991 um beinahe 200 %" [8].

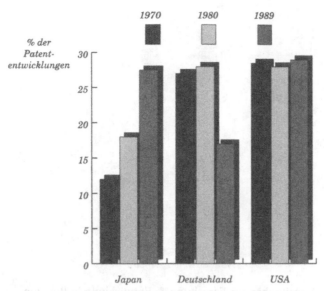

Abb. 1.1. Patententwicklung von 1970-1989 (Japan,
Deutschland, USA), aus: HEISMANN, G.: Etwas zurückgeblieben. In: DIE WOCHE 17/1993, S. 9

Ein weiterer Beleg für diese innovationsfeindliche Grundhaltung
liefern die Zahlen des Deutschen Patentamtes in München für das
Jahr 1992. In diesem Jahr wurden dort im Bereich der Mikroelektronik 170 Patente angemeldet - gerade 1 % der japanischen Quote [9].

Abbildung 1.2 zeigt anhand eines marktwirtschaftlichen Faktors,
warum japanische Firmen weitaus innovationsintensiver arbeiten
als vergleichbare deutsche Firmen. Bei den Forschungs- und Ent-
wicklungsausgaben (F & E) [10] liegen die Japaner deutlich vor
ihren internationalen Konkurrenten.

Bei näherer Betrachtung des Diagramms stellt man fest, daß japanische Unternehmungen teilweise sogar eine höhere Summe als den
Nettogewinn wiederum in den Bereich Forschung/Entwicklung
investieren. Dies sorgt natürlich für weitere Innovationsschübe.

5

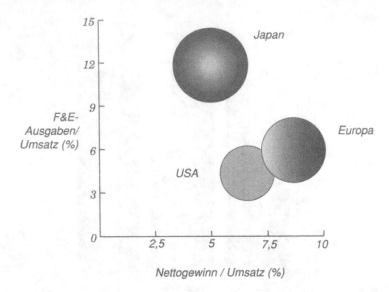

Abb. 1.2. Ausgaben für Forschung & Entwicklung in Relation
zum Nettogewinn. Aus: „Global Benchmarks". Präsentationsunterlagen
von MIT-Universität, Boston 1992

Einen möglichen Hoffnungsträger für zukünftige Innovationen
bildet auf nationaler Ebene der Osten des Landes; die Trendwende
zwischen Elbe und Oder scheint machbar. Im deutschen Osten
könnte das „High-Tech-Mekka des 21. Jahrhunderts" entstehen [11]
- hoffentlich auf der Basis richtungsweisender Innovationen.

1.1 Kreativität und Innovation

Mit Kreativität kann ein Unternehmen nur Geld verdienen, wenn
diese in marktgerechte Innovation umgewandelt wird. Die Unternehmungen mit ihren Managern und Mitarbeitern versuchen ständig, orginelle Ideen und Konzepte zu entwerfen. Die so entstandene
Innovation kann in Gestalt eines neuen Produktes, eines neuen
effektiveren Arbeitsprozesses, einer gezielteren Marketingstrategie
oder eines Fortschritts im Bereich der Führung wirken.

Die Entwicklung origineller Ideen und Konzepte ist eine kreative
Leistung. Sie sagt jedoch noch nichts darüber aus, ob die neuen
Inhalte auch mit einem marktgerechten Wert verbunden sind. Es
gibt sehr viele originelle Ideen und Konzepte, die kaum einen wirtschaftlichen Wert darstellen. Das wertneutrale „Original" findet

seine Ergänzung in der sog. wertorientierten „Kreation" [12]. Doch auch die Kreation verändert ihr Gefüge auf dem Weg hin zur Innovation: Aus der allgemein „wertvollen" Kreation wird etwas Neues, eine Innovation, die einen „signifikanten" Wert für ein Individuum, eine Gruppe, eine Organisation, eine Industrie oder eine Gesellschaft besitzt. Es wird deutlich: Je konkreter das Gütekriterium „Wert" definiert wird, um so mehr nähern wir uns dem Begriff der Innovation.

Bei diesen Überlegungen stoßen wir auf die Notwendigkeit der Unterscheidung zwischen originellen und konstruktiv-kreativen Ideen (Kreationen). Originelle Ideen sind in sich also noch nicht genug. Wir müssen herausfinden, ob eine bestimmte kreative Idee genügend Wert besitzt, um eine bedeutende und gefragte Innovationsentwicklung entstehen zu lassen. Konstruktiv-kreative Personen, Teams und Organisationen müssen die zuverlässigen und für sie anwendbaren Prozesse so verfeinern, damit sie ihre spezifische Kreativität zu kundengerechter Innovation effektiver umsetzen können. Seit den 80er Jahren hat sich in Deutschland die Schieflage in Bezug auf die industrielle Kreativität zur Entwicklung wertvoller und marktgerechter Innovation verstärkt [13].

Wie unschwer aus Abb. 1.2 zu erkennen ist, hat die Wettbewerbsfähigkeit unserer Industrien im Bereich „Forschung / Entwicklung" seit 1980 deutlich nachgelassen. Diese für unsere Wohlstandsgesellschaft erschreckende Entwicklung wird sich fortsetzen, wenn unsere Organisationen nicht innovativer werden.

1.1.1 Kreativität - das Sprungbrett zur Innovation

Aus der dargestellten Problematik wird deutlich, daß der eigentlichen Innovation zahlreiche Schritte vorgeschaltet sind. Einer dieser Schritte besteht in der menschlichen Fähigkeit, etwas Neues originell und wertvoll zu gestalten; der Begriff „Kreativität" bezeichnet diese Fähigkeit, die grundsätzlich in jedem Menschen angelegt ist [14].

Kreativität ist nichts Mystisches, das nur für wenige Menschen erreichbar ist. Auch an die Creatio ex Nihilo, die in verschiedenen theologischen Lexika als die Fähigkeit Gottes beschrieben wird, aus dem Nichts heraus kreativ zu sein, ist in diesem Zusammenhang nicht gedacht.

Jeder Mensch kann die Fähigkeit zur Kreativität - aufbauend auf dem in ihm angelegten schöpferischen Potential - mehr oder weniger gut erlernen [15].

Ein ganzheitlicher kreativer Akt kann sich sowohl in kleinen, inkrementalen Schritten als auch in Form gigantischer Sprünge (z.B. Integrierte Mikroelektronik und PCs) darstellen. Die Einführung der Apple-Macintosh-Computer, die im Vergleich zu anderen Computern sofort mit einer grafischen Oberfläche arbeiteten, stellte seinerzeit einen enormen Technologiesprung dar.

Das vorliegende Buch beschäftigt sich primär mit „kreativen" Techniken der Problemlösung; es zielt darauf ab, die leistungsfähigsten Techniken im Alltag eines Unternehmens zu verankern.

Menschen, die auf den Faktor „Kreativität" setzen, stehen häufiger auf der Schwelle zum Ungewissen; d.h. die kreativen Problemlösungstechniken bringen die Beteiligten in einen Bereich mit gewissen Wagnissen. Es werden möglicherweise Aspekte eines Problems in Erscheinung treten, die auf einen ersten Blick erhebliche Risiken in sich bergen. Dennoch hat sich auch der zweite, vertiefende Blick bei manchen Unternehmen ausgezahlt.

Glück und Kreativität sind bei Menschen besonders ausgeprägt, wenn sie sich mit ihrer zu erledigenden Aufgabe identifizieren können. Diese Erkenntnis hat uns Csikszentmihalyi eindrucksvoll vor Augen geführt[16]. Intrinsische Motivation (eine aus innerem Antrieb entstehende Motivation) und eigenem Spaß am Schaffen sind also weitere Kriterien, die die Kreativität des Menschen mitbeeinflussen. Kreative Problemlösungsgruppen, die eine der vorgestellten Techniken in ihrem Unternehmen ausführen, müssen bei ihrer Arbeit also hochmotiviert sein und über ein gehöriges Maß an Vertrauen im Hinblick auf ihre Fähigkeiten zur Problemlösung besitzen. Kreative Problemlösung unter Berücksichtigung der im folgenden beschriebenen Techniken ist kein rein logisches und stringent verlaufendes Verfahren - Umwege und Hindernisse können dabei nur innovationsfördernd sein. Die Arbeit in kreativen Problemlösungsgruppen erfordert demzufolge Eigenschaften und Fähigkeiten wie „Querdenken" und auch die Notwendigkeit zum permanenten „In-Frage-Stellen" des Vorhandenen.

Abschließend sei darauf hingewiesen, daß auch die noch so engagiert und kreativ arbeitende Problemlösungsgruppe einen Ausgleich für die allzu „kreative" Arbeit mit in ihr Konzept einplanen sollte. Kreativität lebt von der Entspannung, wie uns der Nobelpreisträger Gerd Binnig eindrucksvoll berichtet: „Meine kreativsten Kommilitonen haben das Studium geschmissen. Da ist unserer Gesellschaft viel verlorengegangen. Auch ich hätte abgebrochen, wenn ich meine Kreativität nicht mit Komponieren und Musizieren erhalten hätte" [17].

1.2 Die vier Ps der Kreativität und ihr Zusammenspiel

Wenn wir das Kreativitäts- und Innovationsniveau einer Organisation anheben wollen, dann müssen wir die vier wichtigsten Ps für diese Aktivitäten verstehen und berücksichtigen.

- Produkte,
- Prozesse,
- Perspektivische Möglichkeiten der Kreativität,
- Persönliche und gruppenbezogene Kreativität.

9

Alle vier Ps (Abb. 1.3) müssen zusammenwirken. Kundenorientierte Produkte und Dienstleistungen werden also nur entwickelt, wenn die restlichen drei Ps vorhanden sind und konstruktiv koordiniert zum Einsatz kommen. Wenn ein Unternehmen, ein Team oder eine Gruppe nicht aufgabenadäquate Perspektiven für Entwicklungsmöglichkeiten (Team- und Firmenkultur) zur Verfügung stellt, dann wird das Innovationspotential mit der Zeit verkümmern.

Abb. 1.3. Die vier Ps der Kreativität und ihr Zusammenspiel

Die kreativen und innovativen Prozesse brauchen ein geeignetes Umfeld, um sich im Team und in der Organisation zu entwickeln und zu verfeinern. Auf diese Weise ausgerüstet, können konstruktiv-kreative Teams die zehn vorher genannten strategischen Herausforderungen gewinnbringend meistern. Fehlen diese Voraussetzungen, überrascht es auch nicht, wenn die marktgerechten Produkte und Prozesse nicht rechtzeitig entwickelt werden, die notwendig sind, um damit langfristig ein wettbewerbsfähiges Wachstum zu sichern.

Kreativität	+	Organisationskultur	=	Innovation
Prozesse - Individuelle und gruppenbezogene Kreativität		Kreativitätsförderndes Umfeld schaffen (Perspektivisch handeln)		Produkt -, Prozeß-, Marketing- und Führungsinnovation

Abb. 1.4. Zur Entstehung der Innovation

Die innovativen Leistungen der gesamten Organisation können zum einen durch kreative Problemlösungstechniken, zum anderen durch individuelle und teamorientierte Kreativität erhöht werden (Abb. 1.4). Wenn dies innerhalb einer den jeweiligen Marktmöglichkeiten gerechtwerdenden Organisationskultur geschieht, dann wird sich als Ergebnis die gewinnbringende Innovation einstellen.

1.2.1 Das Produkt als Resultat des kreativen und innovativen Prozesses

Das kundengerechte Produkt ist das Ergebnis der kreativen und innovativen Prozesse. Diese Prozesse können folgende Formen annehmen:

- Hard- bzw. Software;
- Dienstleistung;
- Prozeß, der zur Steigerung der Effektivität beiträgt;
- bessere Strategie im Führungs- und Marketingbereich.

Damit das Produkt innovativen Charakter bekommt, muß es einen bedeutsamen Wert besitzen. Die Einstufung eines Produktes als bedeutsam bzw. signifikant orientiert sich entweder an vorgegebenen Formen der Analyse oder der Intuition.

Wie die Bewertung einer Schönheit, hängt dies häufig stark von der Wahrnehmung des Betrachters (Kunden) ab. Also ist der Wert relativ zu beiden, zu dem Wertesystem und dem Bewerter (Betrachter oder Kunde). Der Wert ist auch abhängig von der Zeit und dem Umfeld, in dem die Kreativität geschieht. Ein dynamisches Marktfenster zum richtigen Zeitpunkt mit einem bedarfsgerechten Produkt auf geeignete Weise anzusprechen, ist eine hochentwickelte Kunst. Unzählige enttäuschte Erfinder, Entdecker und Investoren haben diese Kunst nie entwickelt.

Uns wird überdeutlich, sogar ein erfolgreicher Entrepreneur (Unternehmer) könnte den bedarfsorientierten Wert einer Kreation falsch einschätzen. Demjenigen, der letzlich die Finanz- und Budgetentscheidungen fällt, könnte es an den bedarfsorientierten Perspektiven fehlen. Seine Wahrnehmungen von Kreationen mit dem Potential für eine marktgerechte Innovationsentwicklung sind häufig eingeschränkt.

1.2.2 Die perspektivischen und organisatorischen Möglichkeiten für Kreativität und Innovation

Bevor marktgerechte Innovationen entstehen können, müssen entsprechend positive Möglichkeiten für Kreativität vorhanden sein. Unabhängig von unserem Kreativitätspotential, Wissen, Talent oder Fähigkeiten muß bei der Schaffung der Innovation ein dafür günstiges und förderndes Umfeld vorhanden sein. Wenn die Organisationskultur keine Innovation fördert, nicht kreativitätsunterstützend wirkt, dann werden kaum marktgerechte Innovationen entstehen. Die Organisationsführung muß deshalb sorgfältig eine kreativitäts- und innovationsfördernde Teamkultur aufbauen.

Untersuchungen belegen, daß eine empathische Einstellung und Führung, die eine kreativitätsfördernde Team- und Organisationskultur entwickelt, sichert sich eine gewinnbringende Zukunft in unserer wettbewerbsintensiven Industriegesellschaft. Diese Erkenntnis wird in den sieben S-Überlegungen verdeutlicht. Hierbei handelt es sich um:

- Strategien,
- Strukturen,
- Synergie - Skills (Fähigkeiten und Prozesse),
- Stil in Führung und Management,
- „Shared Values" (Gemeinsame Werte),
- Systeme und Prozesse,
- Success.

Das Denken endet hier!

Der Schlüsselfaktor sind die sog. „Shared Values", die gemeinsamen Werte; diese führen in einer Team- und Organisationskultur zur Schaffung von konstruktiv-kreativen Innovationen - sie stellen eine solide Grundlage für die anderen sechs S dar.

1.2.3 Die kreativen Prozesse als Wegbereiter der Innovation

Unzählige Techniken können eingesetzt werden, um die „Kreativen Problemlösungsprozesse" (KLP-Prozesse) in einer Organisation zu verbessern. Um die wichtigsten dieser Techniken zu erlernen und zu meistern, bedarf es einer Zielmotivation. Diese Techniken sind so ausgerichtet, daß sie die Kreativität in allen Phasen und auf allen

Ebenen des Problem-Lösungs-Prozesses verbessern können. Diese Techniken, die für den einzelnen und das Team geeignet sind, werden Ihnen hier vorgestellt.

1.2.4 Die persönliche und teamorientierte Kreativität

Eine Erhöhung der persönlichen Kreativität geht einher mit der Berücksichtigung zweier grundlegender Fakten: zum einen die vermehrte Nutzung der rechten Gehirnhälfte (bei Linkshändern die linke Gehirnhälfte), die das intuitive Potential steigert; zum anderen die eigenständige Befreiung von der eigenen Sozialisation, die die Kreativität bisher behindert hat - hinzukommen muß das Aneignen neuer Gewohnheiten, die zur Verstärkung der Kreativität beitragen.

Ergänzend sei an dieser Stelle noch angefügt - darauf wird auch durch die Kapitelüberschrift verwiesen -, daß alle individuellen Bedingungen schließlich in gruppenbezogene Aktivitäten übergeführt werden, dies macht deutlich, daß auch das Management gruppendynamischer Prozesse bei der Steigerung von Kreativität eine entscheidende Rolle spielt.

1.3 Die vier Typen der Innovation

Es geht uns hierbei um die vier in Abb. 1.3 dargestellten Grundtypen der Innovation. Alle vier genannten Innovationstypen verstehen sich als eine Leistung der miteinander arbeitenden Ps. Im folgenden wird die wirtschaftlich-gesellschaftliche Innovation aus der Sicht des Kunden in Produkt-, Prozeß-, Marketing- und Führungsinnovation aufgeteilt:

1.3.1 Produkt-Innovation

Produkt-Innovationen stellen sich in neuen bedarfsgerechten Produkten oder Dienstleistungen dar. Es kann hierbei auch um die Revitalisierung und Verbesserung alter Produkte gehen. Das eingangs angeführte Beispiel „Intel" stellt eine solche Produkt-Innovation dar.

1.3.2 Prozeß-Innovation

Prozeß-Innovationen stellen sich in neuen oder verbesserten Abläufen in der Organisation dar. Beispiele hierfür sind: Führungs- und Organisationsabläufe, sowie Human-Ressourcen-Führung und -entwicklung. Häufig versucht diese Art der Innovation die Effizienz und Effektivität vorhandener Prozesse zu verbessern.

1.3.3 Marketing-Innovation

Marketing-Innovationen beziehen sich sowohl auf die Bereiche Public Relations, Verkauf, Vertrieb und Service als auch auf die konkret produktorientierte Innovationsentwicklung (z.B. Produktwerbung, Produktfunktionen).

1.3.4 Führungs-Innovation

Führungs-Innovationen tragen vor allem zu einer verbesserten Führung des Unternehmens bei; die folgenden Kapitel zeigen einige von der „obersten Etage" eines Unternehmens ausgehenden Formen der Innovation.

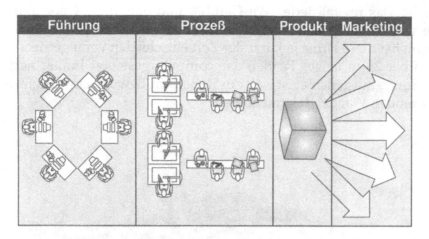

| Führung | Prozeß | Produkt | Marketing |

Abb. 1.5. Das Zusammenwirken der vier Innovationstypen

Das folgende Fallbeispiel der Firma „Steelcase" führt uns eine visionäre und ganzheitliche Führungsinnovation zur Revitalisierung der Organisation und ihrer Belegschaft vor Augen. Man beachte bei diesem Beispiel, daß die Firma „Steelcase" keine klassische High-Tech-Firma ist.

Beispiel einer Führungs-Innovation: „Steelcase"

„Steelcase" ist ein Büromöbelhersteller mit einem Umsatz von über 2,4 Mrd. DM. Im letzten Jahr wurde die Firma von Wettbewerbern und Kunden eher als ein „Grau-in-Grau" - Unternehmen gesehen. Zwischenzeitlich hat Steelcase - aufgrund strategischer Zukäufe einiger kleinerer Hersteller mit hohem Designprofil - eine neue Marktposition erworben. Die Produktfamilie wurde durch die Strategie des Zukaufs mit Büromöbeln aus Holz abgerundet.

Den größten Einfluß im Revitalisierungsprozeß hatte die Führungs- und Marketinginnovation. Sie findet ihren Ausdruck in dem neu errichteten Hauptgebäude des Unternehmens. Es ist über 60 m hoch und hat die Form einer offenen Pyramide (Abb. 1.6).

Das durch Führungsinnovation neu geschaffene offene organisatorische Umfeld verpflichtet alle zur hochqualitativen Innovation auf allen Ebenen im offenen Kommunikationsstil. Vor dem Umzug waren die Designabteilung, Marketing, Technische Abteilung, Personal und die Geschäftsführung in separaten Gebäuden untergebracht. Das revitalisierte „Wir-Gefühl" und eine unmißverständliche Verpflichtung aller - auf allen Ebenen - zur konstruktiven Innovation hat diese Firma in kürzester Zeit entschieden vorangetrieben. Ein über 25 m langes Pendel, das computergesteuert immer nach der Sonne ausgerichtet ist, soll zusätzlich ein Bewußtsein zum fortwährenden Wandel dokumentieren.

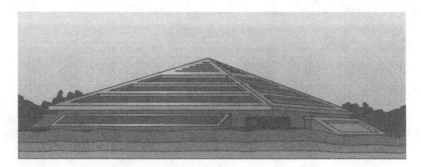

Abb. 1.6. Modell der Steelcase-Pyramide

Das von natürlichem Licht durchflutete Atrium dient als Meeting-Zentrum zum konstruktiv-kreativen Kommunikations- und Informationsaustausch. Diese Meetings reichen von „Kaffee-Pausen" bis hin zu Vorstandstreffen. Die an den Außenseiten liegenden Terrassen dienen für den Informations- und Gedankenaustausch, als Teamarbeitsplatz oder zum Essen und zur informellen Begegnung. Auch in den Pausenhallen stehen Flip-Charts und Tafel bereit, um die spontane Kommunikation mit Text, Symbolen, Zeichnungen und Bildern optimal zu gestalten. Diese Art der Führungsinnovation hat Steelcase in kürzester Zeit zum innovativsten und erfolgreichsten Unternehmen seiner Branche werden lassen. Trotz der großen Offenheit haben Mitarbeiter - bei Bedarf zur persönlichen Konzentration - auch weiterhin die Möglichkeit, sich periodisch in kleine, ruhige Büros („Höhlen") zurückzuziehen.

Steelcase bietet dem Markt heute die eleganteste und preiswerteste Büromöbel-Familie - und dies zu einem Kostenaufwand, der weit unter dem vergangener Tage liegt. Diese beeindruckende Form der Führungs-Innovation lieferte den entscheidenden Anstoß für viele andere Innovationen, die unter anderem auch die Bereiche Marketing und Fertigung richtungsweisend veränderten. Aufgrund dieses kreativen Impulses in Form einer Führungsinnovation wurde die Zukunft des Betriebes langfristig gesichert [18].

Literatur

1 FOCUS 46/93, S. 186
2 ebenda, S. 186
3 HOF, R.D.: Inside Intel: It's Moving Double-Time to Head Off Competitors. In: Business Week vom 1.6.1992, S. 86-94
4 HIGGINS, J.M.: The Management Challenge: An Introduction to Management. New York 1994, Kap. 1
5 WIESE, G.G.: Die einzige Ressource, die uns praktisch endlos zur Verfügung steht - je mehr wir sie fordern (und fördern) -, ist die «menschliche Kreativität». Innerhalb einer konstruktiven Team-Atmosphäre hat sie uns immer wieder marktgerechte Innovationen zum richtigen Zeitpunkt geliefert.
6 vgl. hierzu HEWLETT, W.P. (Chairman und Mitgründer von Hewlett-Packard): Graduation Speech. In: PIKE, H.: Hewlett Sounds Call for Engineering Creativity in MIT Graduate Speech. In: Electronic Engineering Times vom 23.6.1986, S. 78
7 BERTH, R.: The Return of Innovation.
8 HEISMANN, G.: Etwas zurückgeblieben. In: DIE WOCHE 17/1993, S. 9
9 KAHL, R.: Spielend an die Spitze. In: DIE WOCHE 16/1994, S. 35
10 dargestellt auf der X-Achse als Prozentsatz des Unternehmensumsatzes
11 vgl. hierzu: Junge Pioniere. In: Forbes 10/1994, S. 24-32
12 Die «Kreation» wird hier als etwas Originelles verstanden, das über einen gewissen Wert verfügt.
13 vgl. hierzu, die weiter oben schon erwähnte geringe Anzahl der Patentanmeldungen in Deutschland im Jahr 1992
14 YOUNG, J.G.: What is Creativity? In: The Journal of Creative Behavior. 1985, S. 77-87
15 Die Entwicklung der Fähigkeit «Kreativität» ist vielerorts durch Eltern, Lehrer und Vorgesetzte bewußt blockiert worden.
16 CSIKSZENTMIHALYI,M./CSIKSZENTMIHALYI,I.S. (Hrsg.): Die außergewöhnliche Erfahrung im Alltag. Die Psychologie des Flow-Erlebnisses. Stuttgart 1991
17 KAHL, R.: Ende der Wissensvöllerei. In: FOCUS 17/1993, S. 40-41
18 SCHILDER, J.: Work Teams Boost Productivity. In: Personnel Journal 2/1992, S. 67-71; VERESPEJ, M.A.: America's Best Plants: Steelcase. In: Industry Week vom 21.10.1992, S. 53-54; WITCHER, G.: Steelcase Hopes Innovation Flourishes Under Pyramid. In: Wall Street Journal vom 26.5.1989, S. B1,B8

KAPITEL 2

PHASE
-A-

PHASE
-C-

-D-

PHASE
-B-

PHASE
-E-

PHASE
-F-

PHASE
-G-

DER KREATIVE PROBLEM-
LÖSUNGSPROZESS

PHASE
-H-

2 Der kreative Lösungsprozeß für Probleme und Möglichkeiten

Die Lösung von Problemen ist ein integraler Bestandteil jeden organisierten Lebens in unserer Gesellschaft. Wenn die Leitung des Betriebes Personal führt, um Produkte oder Dienstleistungen herzustellen, dann werden dabei immer Probleme gelöst und Entscheidungen getroffen. Wenn Mitarbeiter aktiv werden, um Kosten zu senken oder neue Produkte zu ermitteln, wenn sie versuchen, in irgendeiner Form die Abläufe in der Organisation zu verbessern, kommt es zu einer Problemlösung. Ob dieser Problem-Lösungs-Prozeß schon kreativ genannt werden kann, soll weiter unten Gegenstand der Diskussion sein.

Für jede Person ist die Entwicklung ihrer Fähigkeiten zur kreativen Problemlösung eine unabdingbare Notwendigkeit. Diese Notwendigkeit gilt auch für eine Organisation, die als großes Team mit vielen kleinen Teams oder besser Projektteams betrachtet werden kann. Die Personen, Gruppen, Teams oder Organisationen, die bedarfsgerecht und innovativ handeln, werden gewinnbringend agieren, wachsen und überleben.

Dieses Kapitel zeigt, wie damit begonnen wird, entstandene Probleme auf kreative Art und Weise zu meistern. Am Anfang des Kapitels steht eine Beschreibung des tradierten Problemlösungs-Prozesses, so wie er von vielen Spezialisten jahrelang praktiziert wurde. Kreative Formen der Problemlösung werden im Anschluß daran vorgestellt.

2.1 Der Lösungsprozeß für Probleme

Es ist noch nicht lange her, da war der Prozeß der Problemlösung überwiegend auf rationale Aktivität beschränkt [1]. Als Wissenschaftler und Forscher sich daran machten, den Problemlösungsprozeß zu erklären, konzentrierten sie sich vor allem auf quantitative und zu analysierende Faktoren. In der Zwischenzeit wurde erkannt, daß ein ausschließlich rationaler Ansatz bei der Problemlösung wesentliche Bereiche vernachlässigt. Erfolgreiche Problemlösung bedient sich der Kreativität als ein ihr ständig innewohnendes Element. Aus dem traditionellen Problemlösungsprozeß wurde der „Kreative Problemlösungsprozeß" (KPL - Prozeß).

Der „Kreative Problemlösungsprozeß" besteht aus acht Stufen:

1. Analyse des Umfeldes,
2. Problemerkennung,
3. Problemidentifikation,
4. Aufstellung der Annahmen,
5. Entwicklung der Alternativen
6. Bewertung und Auswahl der Alternativen,
7. Implementierung der bevorzugten Lösung,
8. Kontrolle.

Abbildung 2.1 veranschaulicht die unterschiedlichen Stufen in ihrer prozeßorientierten Reihenfolge.

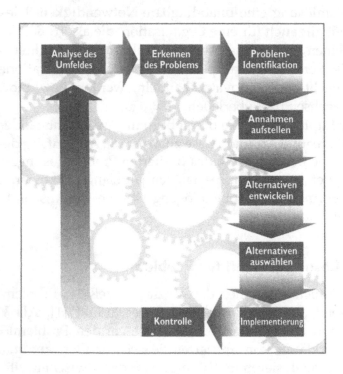

Abb. 2.1. Die acht Stufen des kreativen Problemlösungsprozesses

Abbildung 2.2 zeigt die Stufen der Problemidentifizierung bis hin zur Bewertung und Auswahl der Alternativen in einem detaillierteren Schema. Es soll deutlich werden, welche Handlungsmöglichkeiten die am Entscheidungsprozeß beteiligten Personen haben.

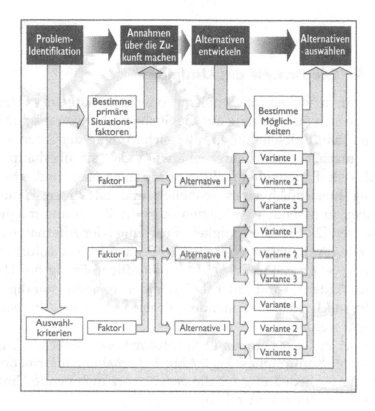

Abb. 2.2. Handlungsmöglichkeiten der am Entscheidungsprozeß beteiligten Personen

Im folgenden sollen die unterschiedlichen Stufen der kreativen Problemlösung vorrangig aus der praktischen Perspektive eines Unternehmens betrachtet werden. Zweifelsohne jedoch folgen auch persönliche Entscheidungs- und Problemlösungsprozesse den genannten Phasen.

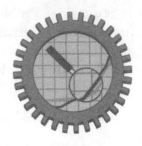

Phase A - Die Analyse des Umfeldes

Wie will man wissen, ob Probleme oder Alternativen existieren, wenn man sich nicht ständig auf die Suche nach ihnen macht? Und wie kann man Probleme lösen oder sich Vorteile der Alternativen zunutze machen, wenn man nicht weiß, daß sie überhaupt existieren? Viele Experten empfehlen den Firmen eine fundierte Vorbereitung hinsichtlich eines schnellen und effektiven Handelns gegenüber auftretenden Problemen oder der Beachtung möglicher Alternativen [2]. Erst die Fähigkeit, Probleme oder Alternativen bei ihrem ersten Auftauchen, oder vielleicht schon früher, sofort wahrzunehmen, ist grundlegend für den zukünftigen Erfolg des Unternehmens. Externe und interne Umfelder müssen ständig und sorgfältig nach sich andeutenden Problemen oder Alternativen untersucht werden.

In dieser Phase sucht man nach Informationen jeglicher Art; die während der Kontrollphase (vgl. Abb. 2.1) erhaltene Information ist von immenser Bedeutung für die erneut vorzunehmende Umfeldanalyse (Fortwährender Umlauf).

Der Royal-Dutch-Shell-Konzern gibt jährlich viele Millionen aus, um Informationen über Kunden, Konkurrenten und Wirtschaftsentwicklung zu erhalten. Die so gewonnenen Informationen dienen Shells strategischem Informationssystem als wichtiger „Input". Des weiteren wird das Führungspersonal auf allen Ebenen darin ausgebildet, schwache Signale in Umfeld-Veränderungen wahrzunehmen. Zahlreiche Arbeitsstunden werden investiert, um zukunftsorientierte Szenarien zu entwickeln, die die Mitarbeiter auf Problemlösungen und Problemmanagement vorbereiten [3].

Eine Empfehlung an alle Führungskräfte: „Reservieren Sie sich täglich einige Minuten zur Analyse der internen und externen

Umfeldbedingungen in Ihrem Betrieb. Passiert etwas, das zu Problemen oder Möglichkeiten führen könnte?"

Phase B - Die Wahrnehmung der Probleme

Wir sollten uns stets vor Augen halten, daß ein Problem oder eine Gelegenheit immer schon vorhanden ist, bevor wir es lösen oder einen Vorteil daraus ziehen können. Die Informationen, die wir im Rahmen der Umfeldanalyse gewonnen haben, zeigen uns dies. Häufig hat derjenige, der mit der Lösung des Problems beauftragt ist, nur vage Vorstellungen von den aufgetretenen Schwierigkeiten. Im Regelfall ist dieser Prozeß zunächst durch eine „Inkubations"- oder Entwicklungszeit gekennzeichnet, in der die vorhandenen Informationen noch nicht als Problem bzw. als mögliche Gelegenheit verstanden werden [4].

Ein eindrucksvolles Beispiel hierfür liefert Mikio Kitano, „der" Produktionsexperte von Toyota, als er Anfang 1990 seine Informationen bezüglich der Fertigungskosten überprüfte, stellte er gravierende Mängel fest. Die Firma sparte weitaus weniger Geld ein, als dies infolge der gerade beendeten Investion in Robotisierung und Automatisierung der Fertigung hätte erfolgen müssen. Kitano war der Auffassung, daß mancherorts zu viele Roboter die Arbeit verrichteten, die von Menschen ebenfalls und weitaus billiger geleistet werden konnte. Nach zahlreichen innerbetrieblichen Auseinandersetzungen konnte er sich schließlich durchsetzen - seitdem spart die Firma Toyota unnötige Kosten und Investitionen im Bereich der Automatisierung [5].

Phase C - Die Identifizierung der Probleme

Während der Problemidentifizierungsphase konzentrieren sich die Aktivitäten darauf, die investierten Ressourcen in eine effektive Form der Problemlösung zu überführen: Verschwendungen in Form einer Symptombehandlung sollten immer vermieden werden [6]. Das Setzen akzeptabler Zielsetzungen mit den dazugehörigen Bewertungskriterien steht im Mittelpunkt der Bemühungen. Das Resultat dieser Phase bildet ein Katalog von Entscheidungskriterien, der zur Bewertung der verschiedenen Optionen herangezogen werden kann.

Obwohl die Identifizierung des Problems ein überwiegend rationaler Prozeß ist, sind auf dieser Ebene neben den rationalen auch intuitive Denkansätze empfehlenswert. Schlüsselfragen, die immer wieder auftauchen, enthalten folgende Schwerpunkte [7]:

1. Was ist geschehen? / Was wird evtl. geschehen?
2. Wer wird es tun? / Wer wird es evtl. beeinflussen?
3. Wo hat es Einfluß? / Wo wird es evtl. einen Einfluß haben?
4. Wo geschieht es? / Wo wird es evtl. geschehen?
5. Wie geschieht es? / Wie wird es evtl. geschehen?
6. Warum geschieht es? / Warum wird es evtl. geschehen?

Bei der Beantwortung dieser Fragen richtet sich das Hauptinteresse vorrangig auf das Kernproblem und die Identifizierung alternativer Handlungsmöglichkeiten. Eine sorgfältige Vorgehensweise, die auf dieser Ebene unbedingt erforderlich ist, bringt entscheidende Wettbewerbsvorteile mit sich. Das folgende Fallbeispiel des renommierten internationalen Snack- und Chipsherstellers Frito-Lay zeigt die positiven Auswirkungen, die eine fundierte Identifizierung des jeweiligen Problems mit sich bringt.

Frito-Lay: KPL ist ein Schlüssel zum Erfolg

Das international tätige Snack-Food-Unternehmen Frito-Lay initiierte erstmals im Jahr 1983 ein Programm mit kreativen Problemlösungstechniken. Die während der folgenden vier Jahre (1983-1987) dokumentierten Kosteneinsparungen und die damit verbundene bessere Produktivität des Unternehmens wurden eindeutig dem KPL-Training zugeschrieben. Der Gewinn wuchs um 12,7 % pro Jahr. Frito-Lay achtete mit großer Sorgfalt auf die Einhaltung der für Ihre Belange spezifischen Phasenfolge des KPL-Trainings:

- Erkennung der Probleme;
- Sammeln von Informationen;
- Definition der Probleme;
- Entwicklung von Lösungsmöglichkeiten;
- Bewertung und Auswahl der besten Alternativen;
- Entwicklung eines Aktionsplans;
- Überzeugen der Unternehmensführung;
- Implementierung des Plans.

Die Führung des Unternehmens gewann während des KPL-Trainings die vielleicht wichtigste Einsicht: das zentrale Element des KPL-Trainings ist nicht die Entwicklung von Lösungsmöglichkeiten, sondern die Identifizierung der eigentlichen Probleme.

Durch das KPL-Training werden Personen mit grundlegenden Techniken der Problemerkennung, der Problemidentifizierung, der Alternativentwicklung und der Projektinitiation vertraut gemacht. Die Mitarbeiter dieses Unternehmens wurden verstärkt in den kreativen Problemlösungstechniken und -prozessen ausgebildet; Frito-Lay geht zwischenzeitlich schon dazu über, auch die Schwesterfirmen wie Pizza Hut oder Kentucky Fried Chicken in die entsprechenden KPL-Techniken einzuführen.

Für das Unternehmen gab es große Probleme bei der Vermarktung ihrer Kartoffel-Chips; die verschieden Abteilungen (Design, Fertigung, Logistik und Vertrieb u.a.) übten sich in gegenseitigen

Schuldzuweisungen. Riesige Mengen von Kartoffel-Chips in zer-drücktem Zustand belasteten die Ertragslage.

Eine KPL-Gruppe wurde damit beauftragt, sich diesem Problem anzunehmen und möglichst schnell Abhilfe zu schaffen. In relativ kurzer Zeit hatte diese Gruppe folgende elegante Idee. Die Chips werden heute in einer einheitlichen Form gefertigt. Eine Stapelung der Chips ist möglich - die sichere Verpackung läßt eine längere und auf einen engen Raum begrenzte Lagerung zu [8].

Auch eine deutsche Firma fertigt und verpackt ihre Snackpro-dukte inzwischen auf ähnliche Weise. Auch im Vertrieb wurden einige Verbesserungen eingeführt, die die Qualitätswahrnehmung beim Kunden positiv beeinflußte.

Phase D - Die Aufstellung der Annahmen

Als Voraussetzung für die Entwicklung von wettbewerbsfähigen Alternativen ist das Aufstellen der unterschiedlichsten Annahmen über die wesentlichen Einflußfaktoren zur Problemlösung nötig. Es könnte z.B. von Bedeutung sein, wie der mit der Durchführung beauftragte Manager mit Vorschlägen seiner Mitarbeiter und denen von Außenstehenden umgeht. Ist er in der Lage, konstruktiv darauf einzugehen, oder geht er eher abweisend damit um und sperrt er sich gegenüber anderen Vorstellungen? Diese Annahmen bilden einerseits die Basis für denkbare Erfolge der favorisierten Lösung, andererseits schützen sie aber auch vor einer möglichen Überbe-wertung des Problemlösungspotentials einer speziellen Alternative.

Phase E - Die Entwicklung der Alternativen

Die Entwicklung von Alternativen geschieht in zwei grundlegenden Schritten:

Zum einen werden bekannte Optionen gesammelt - dieser Vorgang geschieht auf rationaler Basis. Zum anderen geht es um die Entwicklung von zusätzlichen Alternativen - dieser Vorgang geschieht auf rationaler und intuitiver Basis.

Die meisten der im folgenden beschriebenen kreativen Prozesse sind auf diese Phase der Problemlösung ausgerichtet, wobei zwischen individuellen und gruppenorientierten Techniken differenziert wird. Je deutlicher wir bestimmte Lösungsalternativen bzw. -optionen formulieren, um so größer ist die Wahrscheinlichkeit der erfolgreichen Problemlösung.

Wie oben schon erwähnt, ist die Entwicklung von Alternativen eine bipolare Angelegenheit: rational ist sie dort, wo wir eine bestimmte Schrittfolge möglichst genau einhalten; intuitiv wird sie auf der Ebene der einzelnen Schritte - hier kann jede/r Teilnehmer/in sein/ihr eigenes intuitives Potential entfalten und so die Effektivität des Prozesses positiv beeinflussen. Vorrangiges Interesse richtet sich hierbei zunächst auf die Quantität der Ideen - die Qualität wird später erarbeitet.

Die Phase der Sammlung und Entwicklung von Alternativen ist für die meisten Personen die aufregendste Phase im gesamten KPL-Prozeß. Die lockere, kreative Atmosphäre wird von den Beteiligten als besonders angenehm empfunden.

Auch das Computerunternehmen Apple hatte zu Beginn der Newton-Entwicklung zahlreiche Alternativentwürfe eines „Persönlichen Digitalen Assistenten" (PDA) vorliegen. Bis zur Gegenwart sind jedoch nur wenige dieser Alternativen zur Marktreife gebracht worden [9]; die bisherige Ressonanz auf dem PDA-Markt zeigt, daß der Anwender weitere attraktive Nutzungsalternativen erwartet.

Phase F - Die Auswahl der Alternativen

Die Auswahl der Alternativen sollte auf der Grundlage eines systematischen Bewertungssystems erfolgen - dessen Kriterien sollten vorher diskutiert und abgestimmt worden sein. Wichtig ist hier die genaue Bestimmung der möglichen Folgen unterschiedlicher Alternativen. Diese Information besitzt für die Entscheidungsfindung grundsätzlichen Charakter. Je besser die Alternativen entwickelt und mögliche Ergebnisse vorhergesagt wurden, um so größer ist die Chance einer effektiven Auswahl. Der Entscheidungsprozeß ist überwiegend rational; dennoch gibt es erfahrene Entscheidungsträger, die sich mit ihrer marktorientierten Intuition mehrfach bewährt haben.

Der Automobilhersteller Honda plante die Entwicklung eines Fahrzeuges, das auf 100 Kilometern Fahrtstrecke lediglich einen Verbrauch von 4 Litern aufweisen sollte. Die Entscheidungsfindung von Honda basierte u.a. auf Überlegungen, die neben Auswirkungen auf die Fertigungskosten auch die Kompatibilität mit schon vorhandenen Getrieben berücksichtigten. Jede neue Technologie wurde auf ihre Verträglichkeit mit den oben genannten Faktoren überprüft [10].

Phase G - Die Implementierung der Alternativen

Sobald eine klare Idee und ein strukturierter Plan für die Umsetzung der Idee in marktfähige Produkte vorhanden sind, sollte die Implementierung gestartet werden. Antizipation von Marktschwankungen sowie ein Blick für die Details werden dabei von erfahrenen Projektleitern erwartet.

Folgende Merkmale ermöglichen dem Projektleiter eine effektive Fortführung des KPL-Prozesses:

- „Direkter Marktkontakt" (Verständnis für den Kunden und seine Bedürfnisse);
- „Sprachgewandt" (beherrscht die Sprache der Kunden und der Partner);
- „Konzeptenthusiast" (Konzept in Kopf und Herz, ganzheitliches Eintreten für die Idee);
- „Teilt Besitztum" (teilt Ideen, Verantwortung, Erfolg und Mißerfolg);
- „Kreativ/Innovativ" (teilt Kreativität mit anderen);
- „Energiebündel" (unermüdlich in seiner Mission);
- „Visionär" (Durchspielen seiner Idee im voraus);
- „Wirtschaftlichkeit" (handelt zielorientiert und motiviert);
- „Vertrauensperson" (Vertrauensbasis zu seinen Partnern);
- „Kompetenz" (fachkompetente Autorität);
- „Ganzheitlichkeit" (harmonisiert verschiedene Zielorientierung).

Ein Führungsstil, der alle Teammitglieder mit in die Verantwortung einbezieht, der nicht nur von dem „Wir-Gefühl" spricht, sondern es tatsächlich auch vorlebt, wird den Innovationsprozeß konstruktiv nach vorne treiben.

Phase H - Die Kontrolle der Implementierung

Der kreative Prozeß der Problemlösung endet mit der oft vernachlässigten Phase der Auswertung erzielter Ergebnisse. Sie dient vor allem dem Ist-Soll-Vergleich. Folgende Fragen müssen dabei gestellt werden:

1. Inwieweit haben die durchgeführten Aktivitäten zu den von uns gewünschten Ergebnissen geführt?
2. War die Problemlösung so ausgerichtet, daß die bedarfsorientierten Möglichkeiten die erforderliche Berücksichtigung fanden?

Vor allem die zweite Fragestellung führt wieder unmittelbar zu der sog. „Umfeld-Analyse"; es wird deutlich: der neue Prozeß einer kreativen Problemlösung hat erneut begonnen. Bekannte deutsche Unternehmen wie z.B. VW oder Beiersdorf veranschaulichen die gelungene Revitalisierung von professionell entwickelten Plattformprodukten. Ständige Variationen, neue Optionen oder Abwandlungen bekannter Produkte („Nivea-Creme") sorgen dafür, daß „Gutes" immer noch einen Schritt „besser" wird. Dieser Prozeß beinhaltet aber auch ein Eingeständnis an die Adresse des Kunden - man gibt zu, daß man lernfähig bleiben muß.

Diese Offenheit erfordert konstruktive Selbstkritik sowie eine positive Haltung zum Wandel. In diesem Klima kann sich eher ein gewinnbringendes Gleichgewicht zwischen sicheren Evolutionsschritten und gelegentlicher Revolution für innovative Produkte entwickeln.

2.2 „Kreativität" in die Problemlösung einbauen

Langjährige Erfahrungen auf dem Gebiet der kreativen Problemlösung erlauben folgende Feststellungen:

- Für viele Personen und Organisationen ist der Problemlösungsprozeß nicht wesentlich mit dem Faktor „Kreativität" verbunden.
- Die Gesellschaft ermutigt ihre Mitglieder gewöhnlich nicht zur „Kreativität". Dies trifft nicht nur für den unternehmerischen Bereich, sondern auch für die Bereiche ‚Familie' und ‚Schule' zu.
- Nur wenige Personen kennen und beherrschen kreative Problemlösungstechniken, die im Unternehmen zur Anwendung kommen können.
- Verhältnismäßig wenige Personen besitzen persönliche, kreative Fertigkeiten im Umgang mit Problemlösungstechniken.

Typisch für die geschilderte Problemlage ist das Beispiel eines Wettbewerbes unter Wirtschafts-(MBA)Studenten, der an sechs renommierten amerikanischen Business Schools durchgeführt wurde. Die Wettbewerbsvorgabe bestand in der Neuentwicklung eines Marketing-Plans für ein zuckerfreies Limonadengetränk. Alle Studententeams zeigten beeindruckende Fähigkeiten in Bereichen des analysierenden und rationalen Arbeitens; verschwindend gering war jedoch die kreative Komponente, die in den vorgetragenen Plänen nur andeutungsweise in Erscheinung trat.

Der Marketing-Direktor des auftragserteilenden Lebensmittelkonzerns faßte das Ergebnis wie folgt zusammen: „Es gab zwei interessante Ansätze - aber nichts, was wir nicht schon vorher durchdacht und berücksichtigt hatten." Sein anschließend vorgetragener Vorwurf an die Adresse der Business Schools bezieht sich vorrangig auf die von den Schulen geförderte einseitige Nutzung des menschlichen Gehirns: Business Schools - so der Marketing-Direktor - kümmern sich überwiegend um die analytisch und logisch denkende linke Gehirnhälfte, während die rechte, in der die visualisierenden und intuitiven Fähigkeiten des Menschen angesiedelt sind, häufig zu kurz kommt [11].

2.3 Verschiedene KPL-Techniken

Es gibt zahlreiche Möglichkeiten, um den Einsatz kreativer Problemlösungstechniken zu fördern. Man könnte sich z.B. auf die konkrete Verbesserung der eigenen, intuitiven Fähigkeiten konzentrieren - oder man verändert die Organisationskultur eines Unternehmens dahingehend, daß bei zukünftigen Entscheidungen vermehrt die Komponente „Kreativität" einfließt.

Die folgenden Kapitel dieses Buches beschreiben verschiedene kreative Problemlösungstechniken. Wenn Sie diese Techniken in der entsprechenden Phase des KPL-Prozesses einsetzen, kann das Resultat dieser Phase verbessert werden. Die Techniken orientieren sich an den genannten Phasen.

Die Mehrzahl der hier beschriebenen Techniken beziehen sich auf die Entwicklung von Alternativen. Die populärsten KPL-Techniken werden in den folgenden Kapiteln anwenderfreundlich beschrieben. Die weniger bekannten Techniken werden erwähnt. Diese KPL-Techniken dienen zur kreativen Anregung und Entspannung und werden mit Untertitel und Kurzbeschreibung zwischen den Haupttechniken vorgestellt.

Unser gemeinsames Ziel, die „Steigerung der Innovation im Bereich der Wirtschaft", wäre erreicht, wenn zukünftig in Ihrem Unternehmen etwa ein halbes Dutzend der für Ihre Situation geeignete Techniken erfolgreich zum Einsatz kommen würde.

Literatur

1 vgl. hierzu: Knowlton, C.: Shell Gets Rich by Beating Risk. Fortune 8/1991, S. 78-82

2 HIGGINS, J.M./VINCE, J.W.: Strategic Management: Text and Cases. Ft. Worth 1993⁵, Kap. 1 und 3

3 vgl. hierzu: KNOWLTON, C.: Shell gets rich by beating Risk. In: Fortune 26/1991, S. 78-82; LIESENMEYER, A.: Shell's Crystall Ball. In: Financial World vom 16.4.1991, S. 58-63

4 COWAN, D.A.: Developing a Process Model of Problem Recognition. In: Academy of Management Review 10/1986, S. 763-776

5 MILLER, K.L.: The Factory Guru Tinkering With Toyota. In: Business Week vom 17. 5.1993, S. 95-97

6 KEPNER, C./TREGOE, B.: The New Rational Manager. New York 1989

7 ebenda; bezugnehmend auf die ersten sechs Schlüsselfragen

8 Quelle: Telefongespräch von Prof. Higgins mit Frank Price, Partner, Involvement Systems. Dallas, Texas, September 1993; HEQUET, M.: Making Creativity Training Creative. In: Training, 2/1992, S. 45

9 LEVY, S.: Newton Rising. In: Macworld 2/1993, S. 77, 80

10 MILLER, K.L.: 55 Miles Per Gallon: How Honda Did It. In: Business Week vom 23.9.1991, S. 82-83

11 HALL, T.: When Budding MBAs Try to Save Kool-Aid. Original Ideas are Scarce. In: Wall Street Journal vom 25.11.1986, S. 31

KAPITEL 3

KPL-TECHNIKEN
ZUR
ANALYSE DES UMFELDS

3 KPL-Techniken zur Analyse des Umfelds

Durch den wiederholten und situationsspezifischen Einsatz der KPL-Techniken können Sie Ihr Kreativpotential am effektivsten steigern. Diese Techniken können in allen Phasen des Problemlösungsprozesses eingesetzt werden. Viele dieser Techniken erfahren ihre Realisierung in Gruppenarbeit.

Das vorliegende Buch konzentriert sich auf KPL-Techniken, die ihre primäre Anwendung im Bereich „Entwicklung von Alternativen" finden. Es erklärt auch einige Techniken, die in anderen Bereichen des KPL-Prozesses zum Einsatz kommen.

Die traditionellen Verfahren zur Analyse des Umfeldes sind überwiegend nach rein rationalen Überlegungen ausgerichtet. Die folgenden Techniken sichern einen kreativen Absatz bei der Umfeldanalyse. Bei komplexeren und populären Techniken fassen wir die Hauptschritte für Sie zusammen.

3.1 Vergleich mit anderen: „Benchmarking", „Beste Praktiken"

Um mögliches Verbesserungspotential zu identifizieren, sind viele Firmen zu der ehemals von Xerox entwickelten Methode des „Benchmarking" übergegangen. Bei dieser Methode vergleicht eine Firma ihre vorhandenen Praktiken mit denen der im gleichen Marktbereich führenden Firma [1].

Die Weiterentwicklung dieser Methode führte zum Vergleich der eigenen Firma mit einer anderen, die bestimmte Praktiken, unabhängig von der industriellen Umgebung, überragend durchführt. Die Ergebnisse, die sich aus den Vergleichen („Benchmarking", „Beste Praktiken") ergeben, helfen, sich ehrgeizige, aber trotzdem realistische Ziele zu setzen und die Beteiligten zu konstruktivem Wandel zu motivieren.

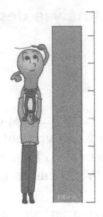

„Wettbewerb gegen imaginäre Konkurrenten"
Einige Unternehmen sind im Rahmen derartiger Aktivitäten dazu
übergegangen, sich mit imaginären, per Computer entworfenen
„Superunternehmern" zu vergleichen. Hierbei werden die in verschiedenen Betrieben vorhandenen „besten Praktiken" in Form
eines hypothetischen „Phantom-Wettbewerbers" kombiniert. Das
Unternehmen vergleicht sich anschließend mit dem erstellten
Gedankenkonstrukt und versucht so, die unterschiedlichsten Bereiche mit den „besten Praktiken" anzureichern [2].

3.2 Realistische Visionäre oder andere Berater einsetzen

Es ist sicherlich ein probates Mittel bei der Analyse des Umfeldes,
erfahrene Visionäre oder Berater mitwirken zu lassen. Diese können
vielfach eine völlig neue Perspektive in die Überlegungen integrieren.

Auch die Schaffung interdisziplinärer Teams, in denen auch fach-
lich fremde Personen zum Einsatz kommen, scheint vielerorts
Erfolg zu haben. Rolf Berth hat in seiner Studie „The Return of Innovation" untersucht, wer den erfolgreichen Unternehmungen zu
mehr kreativem Potential verholfen hat. Sein Ergebnis bestätigt die
oben vorgetragene Auffassung: 37 % aller Neuerungen in der Wirtschaft basieren auf Außenseitern, die eigentlich im betroffenen
Bereich „unwissend" sind. Die weiteren 28 % sind durch sog. „Quer-
einsteiger" geschaffen worden. Nur rund ein Drittel der welt-

verändernden Kreationen gehen auf das Konto von Experten der betrachteten Bereiche [3].

Erst allmählich wandeln sich die grundlegenden Denkmuster, so daß die Zusammenarbeit von Außenseitern und Experten - bei beidseitiger Akzeptanz allmählich - als besonders fruchtbar erkannt wird. Allzu oft drängen die Experten die neuen „Querdenker" [4] zunächst in die Defensive. Die von den Außenstehenden gemachten Vorschläge erscheinen vielen Insidern zunächst als zu riskant. So werden viele gute Ideen und Reformvorschläge schon im Vorfeld blockiert.

Das folgende Beispiel einer Informatik- und Beratungsfirma aus dem Rheingau zeigt, daß der ungewöhnliche Weg der Zusammenarbeit von „Außenstehenden" und schon vorhandenem Fachpersonal durchaus erfolgreich sein kann.

Um Kreativität bei den Mitarbeitern zu fördern, ging das Unternehmen einen ungewöhnlichen Weg. „Zunächst war es bloß eine Notlösung. Die Firma, die heute 1.400 Mitarbeiter hat, war 1969 von einigen IBM-Dissidenten gegründet worden. Doch schon bald nach dem Start gerieten die Firmengründer in Schwierigkeiten. Der Computermarkt expandierte, aber das Personal, das Programme entwickeln sollte, war zu knapp. Weder Informatiker noch Mathematiker konnte die Firma in ausreichender Zahl finden und stand, so erinnert sich Jürgen Fuchs, Geschäftsführer bei Ploenske, der außer Mathematik und Physik auch Philosophie studiert hat, vor der Alternative, mit bewährtem Fachpersonal zu stagnieren oder eine Zusammenarbeit mit Absolventen anderer Studiengänge zu wagen. Man entschied sich, Biologen, Soziologen, sogar Theologen einzustellen. Fuchs: ‚Und das ist das Geheimnis unseres Erfolges. Denn ohne daß wir wußten, was wir machten, bildeten wir interdisziplinäre Teams.' Der Theologe zusammen mit der Biologin und einem Informatiker: Das waren nun die Innovatoren, die komplexe EDV-Konzepte entwickelten" [5].

3.3 Wahrnehmung schwacher Signale

Eine strategische Planungstechnik ist die sorgfältige „Wahrnehmung schwacher Signale" aus der Marktwirtschaft. Hierbei sind die Firmen auf das von Marktforschungsinstituten und Informationsmanagern [6] bereitgestellte Wissen angewiesen. Die richtigen Mitteilungen dieser finanziell nicht sehr kostspieligen Dienste können einem Unternehmen die entscheidenden Wettbewerbsvorteile ermöglichen.

3.4 Suche nach Möglichkeiten

Die aktive Suche nach Möglichkeiten kann natürlich auch zu neuen Anwendungen für vorhandene Erfahrungen führen. Neue Möglichkeiten, neue Perspektiven offenbaren sich manchmal in zunächst als unbedeutsam erscheinenden Beobachtungen. Beschränken Sie sich nicht nur auf traditionelle Quellen. Das Beispiel eines Managers, der Science-fiction-Romane daraufhin untersuchte, inwieweit die darin geäußerten Ideen seinem High-Tech-Unternehmen förderlich sein könnten, macht deutlich, daß auch ungewohnte Wege mit zunächst vielleicht kontraproduktivem Inhalt letztendlich doch neue Akzente setzen können.

Literatur

1 Dies wird häufig auf einer Matrix dargestellt. Der so leicht verständlicher Leistungsvergleich hat sich in dieser Form im industriellen Wortschatz auch für andere Vergleiche eingebürgert. Heute verwendet man diesen Begriff bei ganzheitlichen Vergleichen zwischen Wettbewerbern oder Organisationen.
2 Dieser Vergleich wird durch computergestützte, dynamische Modellierungsprogramme ergänzt.
3 BERTH, R.: a.a.O.
4 «Querdenken» stellt ein in vielen Beschreibungen des Begiffes Kreativität immer wieder zugrunde gelegtes Wesensmerkmal dar.
5 KAHL, R.: a.a.O., S. 35
6 Eine andere Bezeichnung für diese, immer mehr expandierende Berufssparte lautet «Informationsbroker»

KAPITEL 4

KPL-TECHNIKEN ZUR
WAHRNEHMUNG DER PROBLEME

4 KPL-Techniken zur Wahrnehmung der Probleme

Viele Menschen nehmen die Existenz eines Problems erst wahr, wenn sie das Ziel nicht erreicht haben bzw. erkennen, daß sie das angestrebte Ziel nicht erreichen werden. Der Zweck der unterschiedlichen, der Kontrolle dienenden Berichte besteht vorrangig in der Bereitstellung derartiger Soll-Ist-Vergleichsmöglichkeiten.

Häufig vergleichen die involvierten Personen die bestehenden Leistungsdaten mit früheren Zielsetzungen oder Erfahrungen. Wenn sie eine Differenz zwischen der gegenwärtigen Situation und den früher gesteckten Zielen entdecken, bemerken sie die Existenz eines Problems [1].

Eine andere Möglichkeit der Problemerkennung besteht in der vollständigen Beschreibung der momentanen Leistungsgrundlagen. Der realitätsbezogene, sich keiner Illusion hingebende Blick auf die bestehende Situation kann auch Probleme bzw. Problempotentiale freigeben. Das erscheint logisch, doch die wenigsten Unternehmen wagen diesen „einfachen" Blick hinter die Kulissen.

Die folgenden Seiten beschreiben kreativere Techniken der Problemerkennung. Einige dieser Techniken stellen traditionelle Methoden dar; andere sind Abwandlungen bekannter Methoden.

4.1 Camelot

Bei der Anwendung dieser Technik gestaltet man zunächst wie in der „König Arthus Legende" eine Idealsituation, ein „Camelot". Im Anschluß vergleicht man die tatsächliche mit der als Ideal dargestellten Situation. Die folgenden Fragen dienen als Grundlage für eine ausführliche Diskussion:

- Welche Unterschiede bestehen zwischen den beiden Situationen?
- Warum existieren diese Unterschiede?
- Welche Probleme oder Möglichkeiten werden durch die Differenzen offenkundig?

4.2 Checklisten

Die Nutzung einer Checkliste kann bei der Analyse einer Situation äußerst vorteilhaft sein. Eine große Anzahl der Checklisten wurde zu diesem Zweck entwickelt. Sie beinhalten z.B. folgende Aspekte:

- Anleitungen zur Bestimmung neuer Möglichkeiten,
- Erkennung einzelner Probleme,
- Generierung neuer Produktideen,
- Gestaltung von Vermarktungsideen,
- Evaluationsvorstellungen [2].

Andere Checklisten werden vor allem im Rahmen der unterschiedlichsten Überprüfungsverfahren eingesetzt. Bereiche der Überprüfung können u.a. sein:

- Strategische Planung,
- Führung & Management,
- Marketing,
- Qualitätssicherung,
- Ermittlung des Innovationsquotienten der Organisation.

Abschließend sei auf die von Arthur B. VanGundy entworfene Checkliste zur Verbesserung der Produkte (vgl. 7.1.27) hingewiesen [3]; mit diesem Instrument können Sie Verbesserungs- und Revitalisierungsmöglichkeiten existierender Produkte untersuchen. Diese Liste von VanGrundy kann auch genutzt werden, um die Generierung kreativer Alternativen voranzutreiben.

4.3 Inversives Brainstorming

Während wir uns bei dem herkömmlichen Brainstorming zunächst nach einer sorgfältig durchgeführten Problemdefinition auf die Suche nach verschiedenen Lösungen machen, beginnt inversives Brainstorming mit einer gegebenen Situationsbeschreibung. Anschließend wird dann nach den situationsverursachenden Problemen Ausschau gehalten. Ein geeignetes Beispiel für die Technik des inversiven Brainstormings ist die mangelhafte Zielmotivation der Belegschaft [4].

4.4 Limericks und Parodien

Hier werden zu bestimmten Situationen Parodien und Limericks erstellt. Die meisten Menschen können diesem Spaß nicht widerstehen - und während sie sich auf den Spaß einlassen, können Probleme offenkundig werden.

4.5 Beschwerden sammeln

Ein sehr effektiver Weg der Problemaufdeckung ist die Sammlung unterschiedlicher Beschwerden in Form eines individuellen oder gruppenbezogenen Brainstormings. Der Brainstorm-Moderator sollte jedoch über ein großes Maß an Feinfühligkeit verfügen - nur so wird diese Technik nicht zu einer oberflächlichen „Schimpferei". Alternativ können die Beteiligten auch eine Liste mit den entsprechenden „Stolpersteinen" aufstellen.

4.6 Auf jemanden reagieren

Häufig erhalten wir im Gespräch mit anderen Personen die eine oder andere Anregung, die zu einer möglichen Problemwahrnehmung führen könnte. Viele dieser Anregungen bzw. konkreten Vorschläge werden jedoch gar nicht oder nur fragmentarisch wahrgenommen. Die für die Problemlösung Verantwortlichen müßten im Vorfeld intensiver zuhören. Die im Anschluß an vergebene Chancen erfolgte Einsicht ist weniger hilfreich.

4.7 Rollenspiele

Rollenspiele verlangen vom Mitspieler, daß er sich in die Rolle eines anderen begibt. Diese Rollenfunktion kann entweder im Rahmen eines interaktiven Lernspiels, aber auch als gedankliche Vorstellung der Situation des anderen mit einer Reise durch seine mögliche Vorstellungswelt realisiert werden. So könnte z.B. die zu spielende Rolle des Konsumenten vielen Unternehmern völlig neue Einsichten in die Absatzmöglichkeiten ihres Produktes vermitteln. Problempotentiale würden entschärft, bevor sie als Probleme real werden.

Dabei muß man sich ständig vor Augen halten, daß man sich in der Rolle eines anderen befindet. Die Beschreibung des Problems sollte ebenfalls aus der Perspektive des „Gespielten" erfolgen; auch die zu erbringende Problemlösung darf niemals diese grundlegende Sichtweise vernachlässigen.

4.8 Vorschlagswesen und -programme

Aus der Perspektive der Unternehmensführung betrachtet, liefern die sog. Vorschlagsboxen oder Vorschlagsprogramme eine gute Möglichkeit, etwas über das Vorhandensein von Problemen und deren mögliche Lösung zu erfahren. Es ist jedoch von entscheidender Bedeutung, daß diese Programme richtig implementiert werden; beispielhaft sei hier auf verschiedene schwedische und japanische Firmen verwiesen, die über sehr gut gestaltete Vorschlagswesen verfügen. Die Japaner nehmen ihre Programme sehr ernst; das zeigt auch der Kommentar des Mitgründers von Sony, Akio Morita: „We insist that all our employees contribute their thoughts and ideas, not just their manual effort. We get an average of eight suggestions a year from each employee. We take most of these ideas seriously" [5].

Ähnliches wird von Dr. Wolfgang Reitzle, Mitglied des Vorstandes der BMW AG in München, gefordert [6]. Geist, Phantasie und Kreativität jedes einzelnen sollen nicht nur mobilisiert, sondern in den Wertschöpfungsprozeß bewußt eingebracht werden [7]. Die „neue Führung", die Dr. Reitzle in seinem Referat beschreibt, muß ihre vordringlichste Aufgabe darin sehen, das kreative Potential jedes Mitarbeiters zu mobilisieren und zu organisieren. Das bedeutet jedoch zugleich: „Jeder Mitarbeiter muß sich mit den übergeordneten Zielen eines Unternehmens identifizieren können. Hierin liegt die eigentliche Führungsaufgabe: Ein verbindliches, akzeptiertes Zielsystem zu definieren, das den Mitarbeitern die Motivation, aber auch den notwendigen Handlungsspielraum gibt, zum Unternehmenserfolg bestmöglich beizutragen" [8].

4.9 „Workshops & Workouts" und andere Gruppenaktivitäten

Unter „Workshops" versteht man z.B. eine dreitägige Gruppensitzung von Managern und Mitarbeitern, in der gemeinsame Probleme gelöst werden sollen. Den Mitarbeitern kommt hierbei die Aufgabe der Problemerkennung und der Unterbreitung von Lösungsvorschlägen zu; letztere werden den Managern und der oberen Führung des Unternehmens am dritten Tag unterbreitet. Der Gruppenleiter muß drei der gemachten Vorschläge auswählen; drei Möglichkeiten stehen ihm zur Auswahl:

- Zustimmung,
- Ablehnung,
- Untersuchung des Sachverhaltes anregen.

Während der Gruppenleiter seine Auswahl trifft, weiß er nichts von der Entscheidung seines Vorgesetzten, der parallel zu ihm die drei Vorschläge ebenfalls erhalten, bearbeitet und bewertet hat.

Derartige teamorientierte Problemlösungsstrategien werden vorrangig eingesetzt, um den Mut zur offenen Auseinandersetzung zu erhöhen; außerdem tragen sie dazu bei, die Transparenz im Entscheidungsprozeß zu verbessern.

Auch andere teamorientierte Techniken können zur Problemwahrnehmung herangezogen werden. Abschließend sei erwähnt, daß auch eine einfache Gruppendiskussion sowohl zur Problemwahrnehmung als auch zur Problemidentifizierung geführt hat.

Literatur

1 POUNDS, W.F.: The Process of Problem Finding. In: Industrial Management Review. Herbst 1969, S. 1-9
2 HUSCH, T./FOUST, L.: That's a Great Idea. Berkeley, CA: 10 Speed Press, 1987
3 GRUNDY, A.B.: The Product Improvement Checklist (PICL). Point Publishing, 1985
4 N.N.: Creative Group Techniques. In: Small Business Report. 9/1984, S. 52-57

5 MORTIA, A./REINGOLD, E.W./SHINONRMA, M.: Made in Japan. In: Macmillan Executive Summary Program 1/1987, S. 1
6 Dieses Referat wurde auf dem Kolloquium «Arbeit der Zukunft - Zukunft der Arbeit» gehalten. In: DIE WOCHE 18.11.1994, S. 18-19
7 ebenda, S. 18
8 ebenda, S. 18

KAPITEL 5

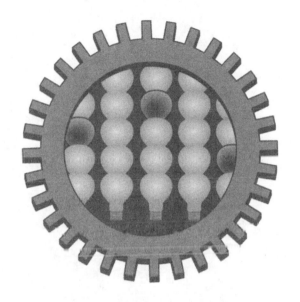

KPL-TECHNIKEN
ZUR IDENTIFIZIERUNG
DER PROBLEME

5 KPL-Techniken zur Identifizierung der Probleme

Der Vorgang der Problemidentifizierung stellt sicher, daß das eigentliche Problem in den Mittelpunkt des Interesses gerückt wird. Eine Behandlung von Randsymptomen oder offensichtlichen, aber unbedeutenden Problemen wird so vermieden. Es ist selbstverständlich, daß eine genaue Identifikation des Problems seine sorgfältige Analyse voraussetzt.

Eine Sammlung bekannter Identifizierungstechniken ist von Charles Kepner und Benjamin Tregoe vorgestellt worden; beide sind der Meinung, daß die korrekte Identifizierung des Problems der wichtigste Schritt im Rahmen eines kreativen Problemlösungsprozesses ist. Ihr Anspruch gründet auf einem Vergleich des „Jetzt" und des „Vorher"; gefolgt von den logischen Fragen nach dem „Was", „Wo", „Wann" und „Warum" [1]. Dieses Kapitel beschreibt zwölf Techniken, die auf der Stufe des kreativen Problemlösungsprozesses benutzt werden können.

5.1 Die Meinung eines anderen einholen

Das Gespräch mit einem anderen Menschen eröffnet immer wieder neue Horizonte des zu diskutierenden Problems. Eine verständliche Beschreibung des Problems mit der Bitte um Stellungnahme des anderen kann den positiven Austausch nur begünstigen.

5.2 Übereinstimmung entwickeln

Es existieren zahlreiche Techniken einer effektiven Form der Konsensbildung. Unter diesen Möglichkeiten sind demokratische Abstimmungen (Mehrheitsprinzip) und die Konsensbildung innerhalb einer offenen Diskussion wohl die bekanntesten (vgl. Kap. 7).

5.3 Das Problem bildlich darstellen

Eine sichere Verifizierung der Identifizierung des eigentlichen Problems ist die Anfertigung eines Bildes. Diese Technik kann auch bei der Entwicklung von Alternativen zur Anwendung kommen.

Das Zeichnen eines Bildes trägt aufgrund der Visualisierung wesentlich zur Unterstützung des kreativen Prozesses bei. Kreativität, die als sinnvolles Zusammenwirken beider Gehirnhälften verstanden werden kann, stützt sich bei diesem Beispiel vor allem auf die rechte Gehirnhälfte.

Die Betrachtung des Problems in Form eines Bildes kann den eigentlichen Kern des Problems deutlicher hervorheben; die Chance, das eigentliche Problem entdeckt zu haben, ist somit wesentlich größer. Nehmen Sie ein Stück Papier und zeichnen Sie ein Bild eines anstehenden Problems. Welche Einsichten erhalten Sie?

5.4 „Erfahrungskit"

Das Erfahrungs-Kit wurde von IdeaScope in Cambridge entwickelt. Kennzeichnend für diese Technik ist das Zusammenwirken zweier Faktoren: zum einen muß bei allen Teilnehmern reichlich Erfahrung vorhanden sein; zum anderen muß man in der Lage sein, diese Erfahrung in der Organisationsform des Rollenspiels wirkungsvoll im Hinblick auf etwaige Problemlösungen einzusetzen.

5.5 Fischgräten-Diagramme

Das Fischgrätendiagramm stellt eine sehr erfolgreiche Technik der Problemidentifizierung dar. Es wird nach seinem Erfinder Kaoru Ishikawa auch „Ishikawadiagramm" genannt. Bei dieser Technik geht es primär um die Auflistung aller möglichen Ursachen des zu behandelnden Problems. Diese Methode ist zwar vom Ansatz her

auf Gruppenstrukturen ausgerichtet, kann aber auch von einer einzelnen Person wirkungsvoll eingesetzt werden.

Die visuelle Darstellung (vgl. Abb. 5.1) der gesammelten Informationen erinnert an das Skelett eines Fisches. Im ersten Schritt wird das Problem am rechten Rand des Blattes niedergeschrieben und eingekreist wird. Danach folgt die Darstellung des „Informationsrückgrates". Hierbei wird eine gerade Linie von rechts zum linken Rand des Blattes gezogen. Im zweiten Schritt folgt die im Winkel von 45° angeordnete Darstellung der verschiedenen Abzweigungen, die das eigentliche Fischskelett bilden. Am Ende dieser Abzweigungen werden die verschieden Ursachen des Problems beschrieben. Diese bilden die Basis für ein im Problemlösungsprozeß zu leistendes Brainstorming. Es ist jederzeit möglich, zusätzliche Abzweigungen anzubringen. Die Auflistung der Ursachen sollte so erfolgen, daß die weniger komplizierten in Kopfnähe, die weitaus problematischeren in der Nähe des Schwanzes angeordnet werden.

Das sich anschließende Brainstorming zu den einzelnen niedergeschriebenen Ursachen kann sich über mehrere Sitzungen erstrecken.

- Das Unterbewußtsein hat Zeit, die Probleme zu bearbeiten.
- Die Teilnehmer werden freier, weil das Ideenbesitztum mit der Zeit verschwindet.
- Die beteiligten Personen werden mit dem Problem vertrauter, weil sie Tag und Nacht damit beschäftigt sind.

Ishikawa beschreibt die Technik als eine, bei der man sein Problem an den Kopf des Fisches setzt, um es die ganze Nacht „kochen" zu lassen [2].

Nach der Erstellung des Diagramms beginnt man mit der Analyse der verschiedenen Abzweigungen, um die eigentlichen Probleme

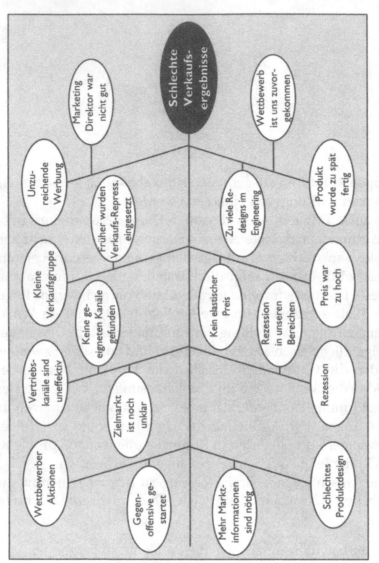

Abb. 5.1. Fischgrätendiagramm

Diagram labels:

- Schlechte Verkaufsergebnisse
- Marketing Direktor war nicht gut
- Wettbewerb ist uns zuvorgekommen
- Unzureichende Werbung
- Früher wurden Verkaufs-Repress. eingesetzt
- Produkt wurde zu spät fertig
- Zu viele Redesigns im Engineering
- Kleine Verkaufsgruppe
- Kein elastischer Preis
- Preis war zu hoch
- Keine geeigneten Kanäle gefunden
- Rezession in unseren Bereichen
- Vertriebskanäle sind uneffektiv
- Zielmarkt ist noch unklar
- Rezession
- Wettbewerber Aktionen
- Gegenoffensive gestartet
- Mehr Marktinformationen sind nötig
- Schlechtes Produktdesign

zu spezifizieren. Sollten sich anfänglich unbedeutende Probleme herauskristallisieren, so können diese - bis komplexere in Erscheinung treten - vorläufig zurückgestellt werden. Die Einstufung verschiedener Ursachen als besonders signifikant bewirkt zugleich eine höhere Gewichtung derselben im Bereich der Entwicklung von Alternativen.

Das Fischgräten-Diagramm ist eine besonders effektive Methode zur Identifizierung von Problemen:

- Die mit der Entscheidungsfindung beauftragten Personen müssen zunächst alle Aspekte des Problems betrachten; erst dann können sie eine Entscheidung treffen.
- Anhand des Diagramms lassen sich Aussagen über die Beziehungen und die relative Wichtigkeit der verschiedenen Ursachen anstellen.
- Der Start des kreativen Prozesses wird durch die Fokussierung auf das eigentliche Problem erleichtert.
- Die Entwicklung einer logischen Sequenz zur Problemlösung wird wesentlich erleichtert.
- Das Problem wird in seiner gesamten Spannbreite erkannt; eine reduzierte Betrachtung einzelner Teile wird vermieden.
- Die Möglichkeit zur Reduzierung der Problembereiche ist vorhanden; außerdem werden kleinere Probleme schneller gelöst als komplexcrc.
- Die involvierten Personen arbeiten gezielter an dem eigentlichen Problem; angrenzende Problemaspekte werden frühzeitig erkannt und ausgeklammert.

Die erste Anwendung des Fischgräten-Diagramms sollte sich auf einfache, leicht zu definierende Probleme begrenzen - je besser die Technik beherrscht wird, um so komplexer können die zu bearbeitenden Probleme werden.

5.6 „Burgherrschaft"

Bei dem hier im Hintergrund stehenden Kinderspiel geht es darum, den auf dem „Thron" sitzenden Spieler davon zu verdrängen. Die Person, die mit ihrer eigenen Problembeschreibung den „Definitionsberg" erklommen hat, muß sich in der Folgezeit wiederum gegenüber anderen, mit neuen Problemdefinitionen agierenden Personen rechtfertigen. Es kann aber auch vorkommen, daß jemand, der seine Sichtweise des Problems zwischenzeitlich modifiziert hat, erneut auf den „Thron" steigt. So nähert man sich allmählich mit der besten Problemdefinition, immer mehr dem eigentlichen Kern des Problems.

5.7 Neudefinition des Problems

Eine kontinuierlich stattfindende Neudefinition des Problems sorgt für unterschiedlich akzentuierte Sichtweisen. So kann man sich das Problem u.a. aus dem Blickwinkel eines Menschen vorstellen, der mit diesem Problem nur unzureichend vertraut ist. Eine andere Möglichkeit besteht in der laut gesprochenen Wiedergabe des Problems. Vielleicht „hört" man hierbei etwas, was man vorher nur bruchstückhaft zur Kenntnis genommen hat. Oder man stellt sich vor, daß man das eigentliche Problem nicht kennt, sondern nur mit bestimmten Variablen vertraut ist. Auch die Sichtweise von Mitgliedern anderer Berufssparten kann neue Impulse einbringen.

Die folgende Übung kann Sie mit einer ersten Anwendung dieser Technik vertraut machen. Denken Sie über ein Problem nach und beschreiben Sie fünf unterschiedliche Perspektiven desselben:

1. _____

2. _____

3. _____

4. _____

5. _____

5.8 Unterschiedliche Objekt- bzw. Kriterienbeschreibung

Um sicher zu gehen, daß das eigentlich anvisierte Problem auch tatsächlich behandelt wird, lohnt es sich, die zur Problembestimmung herangezogenen Kriterien nochmals in unterschiedlicher

Weise zu beschreiben. Stellt man z.B. die Erhöhung der Produktivität zur Diskussion, so können auch Kriterien wie Kostensenkung, Umsatz pro Mitarbeiter, Innovationsgrad, Motivation der Mitarbeiter u.a. in vielfältiger Form umschrieben werden.

5.9 „Stauchen und Strecken"

Eine andere Technik zur Identifizierung von Problemen ist das sog. „Squeeze and Stretch" (Stauchen und Strecken) des Problems. Während ersteres dafür sorgt, daß die grundlegenden Problemkomponenten an das Tageslicht treten, ist die „Dehnung" des Problems überall dort angebracht, wo man mehr über die unterschiedlichen Bereiche des Problems erfahren möchte.

Um ein Problem zu stauchen, muß man eine Reihe sog. **Warum-Fragen** stellen:

Frage:	Warum mache ich das?
Antwort:	Weil ich es möchte.
Frage:	Warum möchte ich es?
Antwort:	Weil mein Chef mir die Anweisung gibt.
Frage:	Warum will mein Chef es so haben?
Antwort:	Weil sein Chef es von ihm so haben will.

Um ein Problem zu dehnen, muß man eine Reihe sog. **Was-Fragen** stellen:

Frage:	Was ist das Problem?
Antwort:	Das Lernen finanzieller Analysen.
Frage:	Was sind finanzielle Analysen?
Antwort:	...

Dieser Frage- und Antwortprozeß wird solange fortgesetzt, bis das Problem ausreichend verstanden wird.

5.10 Was wissen Sie über das Problem?

Nachdem man die Existenz eines Problems zur Kenntnis genommen hat, schreibt man alles auf, was bei der Lösung des Problems helfen könnte. Beschreiben Sie sowohl Problemsituationen in ihrer spezifischen Charakteristik als auch die Zweifel, die Sie im Hinblick auf die eine oder andere Problemlösung haben. Erwähnen Sie ebenfalls die Anzeichen bzw. Hinweise, die in Ihnen Zweifel aufkommen lassen.

5.11 Welche Muster existieren?

Schauen Sie sich die zur Verfügung stehende Information an. Gibt es Hinweise auf evtl. Muster oder Beziehungen, kausaler oder anderer Art? Zeichnen Sie ein Diagramm mit den verschiedenen von Ihnen entdeckten Beziehungsketten.

Bei ihren visuellen Reduktionen komplexer Beziehungsstrukturen werden die japanischen Manager von diesen gezeichneten Diagrammen unterstützt. Zudem sind graphische Darstellungen geeignet, dem Kreativen in uns mehr Raum zu geben.

5.12 „Warum-Warum-Diagramm"

Die Technik des Warum-Warum-Diagramms ist eine Variation des weiter vorne beschriebenen Fischgräten-Diagramms. Hierbei wird versucht, die Ursachen des Problems systematisch zu identifizieren [3]. Der Verlauf des Diagramms ist von links nach rechts angeordnet. Nachdem der offensichtlich gewordene Aspekt des Problems links plaziert wurde, begibt man sich wie in einem herkömmlichen Entscheidungsbaum von einem Ast zum nächst kleineren - bis man schließlich zu den letzten Verästelungen kommt. Der Weg durch die verschiedenen Entscheidungsebenen wird ständig durch die Frage „Warum?" gesteuert.

Das folgende Beispiel zeigt Ihnen ein Warum-Warum-Diagramm zu dem oft angeführten Problem schlechter Verkaufsergebnisse eines neuen Produktes. Die auf das erste „Warum?" genannten Gründe sind im Diagramm in der zweiten Warum-Spalte angesiedelt:

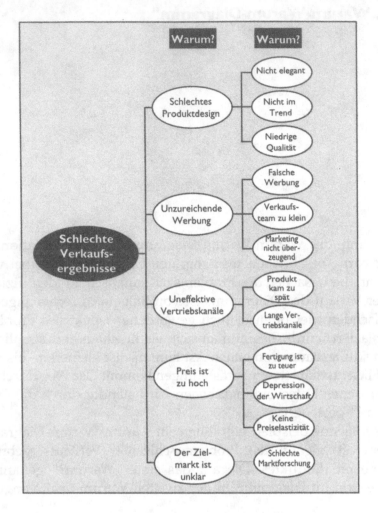

Abb. 5.2. Warum-Warum-Diagramm

Tiefergehende Gründe können Sie mit weiteren „Warum"-Fragen erforschen; z.B. kann für ein vom Markt nicht akzeptiertes Produkt eine unzureichende Kommunikation zum Endkunden verantwortlich sein - absehbare Trends sind hierbei wahrscheinlich übersehen worden.

Im Vergleich zum weiter oben beschriebenen Fischgräten-Diagramm ist die gründlich aufgebaute Analyse des „Warum-Warum-Diagramms" in der problembezogenen Ursachenfindung weitaus ergiebiger.

5.13 Abschließende Bemerkungen

Am Ende dieses Kapitels zur Problemidentifizierung sollten Sie anhand der geschilderten Techniken in der Lage sein, das eigentliche Problem einzugrenzen und eine Problembeschreibung vorzulegen. Je spezifischer das Problem beschrieben wird, um so leichter wird es zu lösen sein.

Zusammenfassung der Schritte

1. Beschreiben Sie das Problem auf der linken Seite der Graphik oder des Blattes.
2. Bauen Sie jetzt rechts von dieser Problembeschreibung einen typischen Entscheidungsbaum zu den möglichen Problemursachen auf (Wiederholung der Warum-Frage).
3. Setzen Sie diesen Prozeß fort, bis Sie mit der erreichten Definition des Problems zufrieden sind.

Literatur

1 KEPNER, C./TREGOE.B.: The Rational Manager. New York 1967
2 vgl. hierzu: MAJARO,S.: The Creative Gap: Managing Ideas for Profit. London 1988, S. 133-137
3 MAJARO, S.: a.a.O., S. 137-138

KAPITEL 6

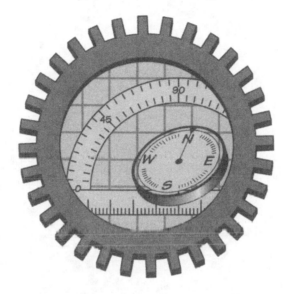

KPL-TECHNIKEN ZUR
AUFSTELLUNG DER ANNAHMEN

6 KPL-Techniken zur Aufstellung der Annahmen

Jede von Ihnen getroffene Entscheidung unterliegt bestimmten Annahmen über die Zukunft. Diese Annahmen legen Ihrer Problemlösung gewissermaßen Fesseln an. Vielfach wird jedoch - aufbauend auf der Manipulation zugrundeliegender Annahmen - der verhängnisvolle Versuch unternommen, die Lösungen in die eigentlich gewünschte Richtung bzw. Gestalt zu drängen. Die hierbei geleistete Vorspiegelung falscher Tatsachen kann zu späteren Zeiten negative Auswirkungen verursachen. Die im folgenden dargestellte Technik der „Umkehrung der Annahme" ist eine der effektivsten ihrer Art.

6.1 Umkehrung der Annahme

Sammeln Sie alle möglichen Annahmen, kehren Sie alle Annahmen um und lösen Sie das Problem 1. In diesem Zusammenhang schauen Sie dann nicht nach der wirklichen Lösung des neu entstandenen Problems, sondern Sie nehmen die eigentlichen Blockaden wahr, die entstehen würden, wenn Sie den originären Annahmen folgen.

Stellen Sie sich vor, Ihr vorrangiges Problem besteht darin, zusätzliche Marktanteile zu gewinnen. Die ursprünglich vorgetragenen Annahmen lauten folgendermaßen:

- eine andere Firma dominiert in diesem Segment;
- durch Werbung kann man neue Marktanteile gewinnen;
- wir besitzen ein überlegenes Produkt, das niemand kennt.

Im nächsten Schritt geht es nun darum, die vorgetragenen Annahmen umzukehren:

- keine andere Firma dominiert in diesem Segment;
- durch Werbung kann man keine neuen Marktanteile gewinnen;
- wir besitzen ein minderwertiges Produkt, das jeder kennt.

Es ist sicher einsichtig, daß in beiden Fällen recht unterschiedliche Antworten auf die gemachten Annahmen gefunden werden. Welche neuen Lösungen entstehen hierbei? Welche Beziehung besteht zu dem eigentlichen Problem?

6.2 Risiken beim Aufstellen der Annahmen

Die aufgestellten Annahmen beinhalten Ungewißheiten und damit auch Risiken. Das eigentliche Ausmaß eines Risikos hängt allerdings stark von der Wissensperspektive und dem Erfahrungsstand der am Projekt beteiligten Personen oder Gruppen ab. Das Risiko einer Unternehmung könnte von dem im jeweiligen Bereich erfahrenen Spezialisten als gering bewertet werden, obwohl der Unerfahrene es als unakzeptabel hoch beurteilt.

Vielerorts wird die Erfahrung verdrängt, daß der den Lebensstandard stützende Fortschritt nicht ohne Risiken erreicht werden kann. In unserer modernen Industriegesellschaft muß fortwährend ein Gleichgewicht zwischen marktorientierten Wettbewerbsvorteilen und vertretbaren Risiken hergestellt werden.

Bei der Entwicklung neuer Innovationen wendet man sich zunächst sinnvollerweise an einen Spezialisten auf diesem Gebiet. Sobald man sich mit dem angesprochenen Bereich vertrauter fühlt, beginnt man damit, eigene kreative Energien zur Stärkung der für die Ziele nötigen Innovationen einfließen zu lassen. Am Ende dieser Phase muß man selbst entscheiden, ob die potentiellen Vorteile der Innovation die einzugehenden Risiken rechtfertigen.

Es ist eine nicht zu leugnende Tatsache, mit wachsendem Wohlstand neigt der Mensch zu mehr Passivität und scheut sich die vom Wandel geforderten Risiken einzugehen. Er verdrängt dabei, daß das Fundament des von ihm so geschätzten Wohlstandes die mit Risiken behafteten Innovationen von gestern sind. Um im Zeitalter der beschleunigten Innovationsprozesse den Erfolg langfristig zu sichern, ist ein gesundes Verhältnis zum jeweilig vertretbaren Risiko absolut erforderlich.

6.3 Die positven Kräfte im Risiko nutzen

Herausforderungen und attraktive Entwicklungsmöglichkeiten können nicht ohne gewisse Risiken gemeistert werden. Bei diesem Prozeß setzen wir verfügbare Werte und Ressourcen ein, um eine erstrebenswerte Zukunft zu schaffen - gemeint ist hier das Risiko im Handeln; endlose Debatten, Wehklagen und Schuldzuweisungen sind unangebracht. Das risikobereite Handeln verlangt nicht, daß Sie sich wie ein Glücksspieler auf den Zufall verlassen sollen.

Erfahrene Innovationsspezialisten sind keine Glücksspieler, die eine Abhängigkeit zu risikointensivem Verhalten entwickelt haben. Durch ihre professionelle Innovationsorientierung gewinnen sie einen Nutzen für ihre Organisation und eine befriedigende persönliche Erfahrung aus der erfolgreichen Implementierung. Sie haben die Risiken kalkulierbarer gestaltet, bevor sie sich mit der Implementierung einer ehrgeizigen Innovation befassen.

Durch die erarbeiteten Detailkenntnisse zum Risiko, werden im Team zusätzliche Energien freigesetzt, die zur rechtzeitigen Schaffung der marktgerechten Innovationen notwendig sind. Wie sich unser Organismus zum Kampf rüstet, so kann auch unser Unternehmen Synergiekräfte wirkungsvoll zum „Innovations-Kampf" entwickeln. Welche beeindruckende Energie hiermit freigesetzt werden kann, beweisen uns fernöstliche Wettbewerber überdeutlich. Diese Art der Motivation entwickelt sich zu einem besonders befriedigenden emotionalen Erlebnis sowie zu einer wertvollen intellektuellen Erfahrung. Diese Erfahrung dient sowohl einer erfüllenden persönlichen Entwicklung als auch dem konstruktiven Wachstum des Unternehmens und unserer Gesellschaft. Die folgenden Fragen sollten u.a. bei dieser Entwicklung berücksichtigt werden:

- Wie wird der potentielle Kunde die Lösung annehmen?
- Wieviel Zeit bleibt bis zur gewinnbringenden Markteinführung?
- Welche Ressourcen stehen zur Verfügung?
- Welche Kernkompetenzen sind vorhanden?
- Welche Marktsegmente erhalten Priorität?
- Wie sehen mögliche neue Wettbewerber aus?
- Welche Alternativen könnten angeboten werden?
- Welche Erträge können erzielt werden?
- Wie gestaltet sich die Evolutionsfähigkeit dieser Lösung?

- Wie groß und wie differenziert ist das Marktpotential?
- Kann diese Lösung mit anderen erfolgreich kombiniert werden?

Da sich der Wandel in Wirtschaft und Gesellschaft weiterhin beschleunigen wird, ist ein bedarfsgerechtes Timing der Innovationsimplementierung für die erfolgreiche Markteinführung von besonderer Bedeutung. Ihre Vermarktungsinnovationen müssen sich an den Bedarfsprofilen der Kunden orientieren - viele wissen noch nicht, daß sie vielleicht Kunden Ihrer Innovation sind. Bei der Interdependenz der o.g. Aspekte wird nicht immer deutlich, ob die Innovatoren neue Trendwellen entwickeln oder die neuen Trendwellen auch die Innovatoren entwickeln. Wichtig ist: Kreative Personen, die sich durch eine kalkulierbare Risikobereitschaft auszeichnen, ergreifen die sich bietenden Möglichkeiten für gewinnbringende Innovationen erfolgreicher als andere.

Natürlich verursacht eine bedarfsgerechte Innovation auch einen gewissen Wandel, der die am „Status Quo" festhaltenden konservativen, unsicheren, ängstlichen und risikoscheuen Personen irritiert. Deshalb müssen die Innovatoren besonderes Stehvermögen gegenüber den angstgeplagten Kollegen, Partnern und Gruppen aufbieten, damit sinnvolle Innovationen nicht verhindert werden. Diejenigen, die infolge der Innovation eine Umorientierung vollbringen müssen, werden den stärksten Widerstand leisten. Um trotzdem den Erfolg für Ihre Innovation zu sichern, berücksichtigen Sie u.a. die folgenden Erfahrungen:

- Bereiten Sie sich gründlich auf unsachliche Kritik vor!
- Ohne Risiken sind attraktive Innovationen nicht zu haben!
- Mögliche Widerstände früh und realistisch einschätzen!
- Quellen der Widerstände so früh wie möglich identifizieren!
- Bei der Handhabung der Widerstände flexibel bleiben!
- Beim Vermarkten der Innovation die Sprache der Zuhörer sprechen!
- Die Vorteile der Innovation deutlich herausarbeiten!
- Mit konstruktiven Argumenten sachlich und verständnisvoll überzeugen!
- Das Projekt in überschaubare Phasen aufteilen!
- Vorhandene Risiken nach Prioritäten sorgfältig verteilen!
- Wirksame und strategische Allianzen eingehen!

Wenn Sie die oben genannten Erfahrungen berücksichtigen und immer aus der Sicht des Kunden (extern und intern) wirken und argumentieren, werden Ihre Annahmen zur geplanten Innovation vom Erfolg gekrönt sein.

Literatur

1 WIESE, G.G: Seminar Strategische Produktprozeß- und Geschäftsentwicklungen, Frankfurt 1994

KAPITEL 7

KPL-TECHNIKEN ZUR
ENTWICKLUNG
DER ALTERNATIVEN

7 KPL-Techniken zur Entwicklung der Alternativen

7.1 Individuelle Techniken

Eine der einfachsten und schnellsten Möglichkeiten, um die Innovationsleistung eines Unternehmens zu steigern, ist es, die Problemlösungsfähigkeit der Mitarbeiter zu fördern und zu entwickeln. Eine Vielzahl der Mitarbeiter tendiert zu der irrigen Auffassung, daß nur „wenige" in der Lage sind, intuitiv-kreative Fähigkeiten zu entwickeln.

Viele Firmen, die den Bereich der Problemlösung zu einem grundlegenden Pfeiler ihrer Organisationskultur gemacht haben, arbeiten äußerst erfolgreich mit den hier vorgestellten KPL-Techniken. Dies führt zu deutlichen Vorteilen im direkten Wettbewerb. Diese Firmen ermöglichen ihren Mitarbeitern intensives Training zur Anwendung der verschiedensten Techniken und erreichen hierdurch substantielle Gewinne auf allen Organisationsebenen [1].

Ein positiver Aspekt der im folgenden beschriebenen Techniken ist ihre Anziehungskraft sowohl für „analytisch" als auch für „intuitiv" denkende und handelnde Mitarbeiter. Eine Reihe dieser „Step-by-Step"-Abläufe orientiert sich an analytikbezogenen Problemlösungsmodellen, die von vielen Managern immer noch bevorzugt werden. So entwickeln auch die anscheinend rein intuitiv ausgerichteten Techniken (Exkursionstechnik) in der analytischen Durchführung ihren eigentlichen Wert.

Jeder setzt bei der Nutzung der verschiedenen Techniken seine eigenen Schwerpunkte; dies kann zum einen an dem bestimmten Typus „Problem" liegen, mit dem man immer wieder konfrontiert wird; andererseits spielen natürlich auch persönliche Vorlieben bei der Problemlösung eine Rolle.

Ihre persönlichen Präferenzen und die für Ihr Unternehmen zugrundeliegenden Problemlösungssituationen werden Ihnen bei der Suche nach den entsprechenden Techniken behilflich sein.

7.1.1 Analogien und Metapher

Analogien und Metapher werden nicht nur als Mittel zur Identifikation und zum besseren Verständnis des Problems eingesetzt. Sie können auch zur Entwicklung alternativer Lösungen eingesetzt werden. Vielfach können Sie eine Analogie zwischen dem Problem und einem anderen Sachverhalt aufbauen oder es in einem bildlichen Vergleich darstellen. Dies sorgt für eine tiefere Einsicht in eine mögliche Problemlösung.

Analogien

Eine Analogie ist ein Vergleich zweier Dinge, die grundverschieden sind, aber durch bestimmte Betrachtungsweisen den Anschein von Gemeinsamkeiten wecken. Analogien werden sehr oft zur Lösung von Problemen herangezogen.

So unternahm die NASA z.B. den Versuch, einen Satelliten mittels eines fast 100 Kilometer langen und sehr dünnen Drahtes zu führen; hierbei war die Analogie zu einem Kinderspielzeug (Yo-Yo) äußerst nützlich. Der Stanford Wissenschaftler Thomas Kane nutzte das Yo-Yo-Prinzip - mit der Unterstützung eines kleinen Elektromotores -, um den Satelliten - ähnlich wie beim Yo-Yo - zur Raumstation zurückzurollen [2].

Ein weiteres Beispiel liefert uns die Bergbau-Abteilung des Unternehmens Atlas Copco. Aus den entomologischen Erkenntnissen über die Fang- und Freßgewohnheiten der Gottesanbeterin gewann das KPL-Team die Idee für ihren grabenden Bergbau-Traktor, den ROC 302. Diese Maschine arbeitet auf beiden Seiten mit Schaufeln und lädt das Erzgestein selbständig auf das Förderband [3].

Anhand dieser Beispiele können wir erkennen, daß eine Analogie in ihrer einfachsten Form ein Vergleich zweier unterschiedlicher Entitäten sein kann. In vielen Fällen sind Analogien jedoch voll entwickelte Vergleiche, weitaus komplexer und detaillierter als Metapher.

Metapher

Metapher sind bildliche Ausdrucksweisen, in denen sich zwei verschiedene Gedankenwelten an einem Punkt der Ähnlichkeit zu verbinden suchen.

In der weitläufigsten Definition sind Metapher einfache Analogien, aber nicht alle Analogien sind Metapher. Bezeichnenderweise behandeln Metapher eine Sache so, als wäre sie etwas ganz anderes; dies dient dazu, um eine im gewöhnlichen Ablauf bzw. Verlauf nicht erwartete Ähnlichkeit herauszuarbeiten.

Die folgenden Wortkombinationen veranschaulichen diesen Sachverhalt: „Eingefrorene Gehälter" oder „Der kalte Wind schneidet bis auf die Knochen". Metapher bieten ein vielfältiges Anwendungsspektrum innerhalb kreativer Bemühungen um eine Problemlösung.

Hiroo Wantanabe, Projektleiter bei Honda, hat die folgende, an der menschlichen Evolution ausgerichtete Metapher seinem Entwicklungsteam mit auf den Weg gegeben: ‚Gestalten Sie die Evolution eines Autos, das sich wie ein lebender Organismus entwickelt!' Dieser Gedankenprozeß führte schließlich zu der Entwicklung des äußerst erfolgreichen Honda-Civic-Modells.

Vergleiche, die offensichtlich sind, können nicht als Metapher bezeichnet werden. Den Krach eines Feuerwerkkörpers als ein Gewehrfeuer zu beschreiben, ist noch keine Metapher. Metapher entstehen, wenn sehr überraschende und einfallsreiche Verbindungen zwischen zwei unterschiedlichen Ideen oder Bildern zustande kommen.

Die angelsächsische Sprache kennt den Ausdruck: „Life is a Maze". Die deutsche Sprache kennt einen verwandten Ausdruck: „Das Leben ist eine Hühnerleiter".

Versuchen Sie im folgenden drei unterschiedliche Metapher zu benennen, die Aussagen über den Sinn des Lebens machen:

1 _____

2 _____

3 _____

Beschreiben Sie nun bitte drei Metapher, die Aussagen über ihre spezifischen Probleme machen.

1 _____

2 _____

3 _____

Fragen Sie sich nach den Erkenntnissen, die die jeweilige Metapher hinsichtlich der Problemlösung bietet! Welche Lösungsvorschläge werden durch diese Metapher angeregt?

Gleichungen

Gleichungen, die die Worte „wie" oder „als" gebrauchen, stellen einen besondere Gattung der Metapher dar. Die Beispiele „der Wind schneidet so scharf wie ein Messer" oder „das paßt wie die Faust auf's Auge" veranschaulichen diesen Typus. Diese Aussagen können als Vergleiche herangezogen werden und somit mögliche Lösungen anbieten.

Zusammenfassung der Schritte

1. Denken Sie über Analogien nach, die eine Verbindung zwischen Ihnem spezifischen Problem und anderen Dingen herstellen.

2. Überlegen Sie sich, welche Erkenntnisse oder Möglichkeiten diese Analogien für Ihre Problemlösung darstellen.

7.1.2 Analysen vergangener Lösungen

Technische Berichte, professionelle Reportagen oder auch Bücher können genutzt werden, um sich einen Überblick über andere Problemlösungen zu verschaffen. Auch wenn die Rahmenbedingungen der geschilderten Lösungen nicht für die eigene Situation geeignet sind, können die angebotenen Problemlösungen, auf der Basis der eigenen Erfahrungen, adaptiert werden.

7.1.3 Assoziationen

Bei Assoziationen wird eine mentale Verbindung zwischen mindestens zwei Dingen oder zwei Ideen geschaffen. Dieser Prozeß wird maßgeblich durch drei Gesetze gesteuert, die schon in der Antike dokumentiert wurden. Es handelt sich hierbei um: Kontinuität, Ähnlichkeit und Gegensatz [4].

Kontinuität bedeutet Nähe; so erinnern Sie sich z.B. bei Betrachten einer Wandtafel an Ihre eigene Schulzeit.

Ähnlichkeit bedeutet, daß ein Objekt oder ein Gedanke Sie an ein anderes ähnliches Objekt oder einen anderen ähnlichen Gedanken erinnert.

Gegensätze beziehen sich auf gegenteilige Divergenzen: „Schwarz und Weiß", „Mann und Frau", „Kind und Erwachsener".

Freie Assoziationen

Bei der freien Assoziation sagen Sie das, was Ihnen spontan einfällt-relativ zu einem aufgeschriebenen Wort oder einer Ein- oder Zwei-Wort-Definition. Auf diese Weise entsteht eine Reihe assozierter Gedanken, die weiter entwickelt werden sollten.

Diese Methode erlaubt es, Gedanken schnellstens auf ein Blatt Papier oder eine Tafel zu bringen, um so zusätzliche und neue Ideen zur Problemlösung anzuregen. Es wird nicht erwartet, daß die Lösungen sofort gefunden werden. Im Rahmen der freien Assoziation wird vorrangig nach Ideen gesucht, die zu Problemlösungen führen können.

Die Assoziation der Worte „Fuchs", „Schnell", „Schlau", „Flugzeug" und „Pakete" paßt zum „Federal-Express-Fallbeispiel". Diese Assoziation half dem Federal Express KPL-Team beim Nachdenken über ihr „Minisort"-Problem. Es führte am Ende zu besseren Methoden beim optischen Scannen von Barcode-Identifizierungen der Pakete. Die freie Assoziation kann unkompliziert zum Einsatz gebracht werden und stärkt das „Wir-Gefühl" im Team.

Während einer freien Assoziationsaktivität bei einem Suppenhersteller wurde das Wort „Utensil" erwähnt. Dies führte zum Wort „Gabel". Witzelnd meinte darauf ein Teammitglied, daß man die Suppe vielleicht mit der Gabel essen möchte. Am Ende war es diese Bemerkung, die zu einem der erfolgreichsten Produkte des Unternehmens führte: „Eine klumpige Gemüsesuppe mit festen Kartoffel- und Karottenstückchen [5]".

Nun beginnen Sie bitte selbst mit der freien Assoziation; starten Sie mit einer Ein-Wort-Problembeschreibung in der ersten Zeile. Die zweite Zeile füllen Sie bitte mit dem Wort, das Ihnen bei Betrachten des Wortes in Zeile 1 in den Sinn kommt. In der dritten Zeile schreiben Sie das Wort auf, das Ihnen bei Betrachten des Wortes in Zeile 2 in den Sinn kommt, usw. Fahren Sie so lange fort, bis Sie 10 oder vielleicht sogar 20 Begriffe haben.

1.＿＿＿＿＿＿＿＿＿＿   1a.＿＿＿＿＿＿＿＿＿＿

2.＿＿＿＿＿＿＿＿＿＿   2a.＿＿＿＿＿＿＿＿＿＿

3.＿＿＿＿＿＿＿＿＿＿   3a.＿＿＿＿＿＿＿＿＿＿

4.＿＿＿＿＿＿＿＿＿＿   4a.＿＿＿＿＿＿＿＿＿＿

5.＿＿＿＿＿＿＿＿＿＿   5a.＿＿＿＿＿＿＿＿＿＿

6._____   6a._____

7._____   7b._____

8._____   8b._____

9._____   9b._____

10._____   10b._____

Schauen Sie sich nun alle 10 Worte an; liefern sie Ihnen Erkenntnisse zu einer möglichen Problemlösung? Können Sie einige der Worte
benutzen, um Analogien zu erstellen, die zu Lösungen führen? Oder
benutzen Sie die Worte, um neue Assoziationsketten zu bilden;
diese Ideen können Sie in den Zeilen 1a - 10a auflisten.

Reguläre Assoziation

Bei der regulären Assoziation ist es im Unterschied zur freien Asso-
ziaton erforderlich, das assoziierte Wort in eine Beziehung zum vor-
angehenden Wort zu bringen. So kann z.B. das Wort „Flugzeug" zu
dem Wort „Pilot" führen; aber nicht zur Assoziation mit dem Wort
„Baum", eine in dieser Technik ungebräuchliche Gedankenver-
knüpfung.

Zusammenfassung der Schritte

1. Schreiben Sie ein Wort auf, das ihr Problem mehr oder weniger
   repräsentiert.
2. Schreiben Sie im nächsten Schritt alle Worte auf, die Ihnen zu
   dem ersten Wort in den Sinn kommen.
3. Nach mehreren Assoziationsserien untersuchen Sie die Worte
   daraufhin, ob sie Ihnen entweder neue Einsichten des Problems
   oder mögliche Lösungen anbieten.

7.1.4 Attribute - Assoziationsketten

Diese Technik beginnt auch mit dem „Listing" der einzelnen Attribute des Problems. Auf der zweiten Stufe jedoch entfällt das im folgenden unter dem „Attributte auflisten" (7.15) vorgenommene analytische Bearbeiten des Merkmals; Sie können stattdessen sofort mit der freien Assoziation zu jedem Merkmal beginnen.

Um diese Vorgehensweise deutlicher zu erklären, nutzen wir ein leicht verständliches Beispiel: Es geht darum, die Qualität der Schallplatte als Träger von Musik zu verbessern. Sie beginnen damit, die Merkmale der Schallplatte wie folgt zu listen: Abmessung, Gewicht, Farbe, Zusammensetzung des Materials, Qualität der Klangwiedergabe, Herstellungskosten usw.. Wenn Sie sich in freier Assoziation diese Merkmale anschauen, suchen Sie vielleicht zuerst nach Wegen, wie Sie das Gewicht und die Herstellungskosten reduzieren können. Bei der Kostenreduzierung konzentrieren Sie sich bald auch auf die Komposition des Materials. Die freie Assoziation führt Sie vielleicht zu Worten wie „Lichtfaser", „Laser", „Computer", „Wandel" und „Diskontinuität". Diese Verknüpfungen leiten Sie unter Umständen zu Entwicklungsideen für Magnetbänder in Kassetten, CD-ROMs, u.ä.

Wie viele der in diesem Buch diskutierten Techniken hängt auch diese entscheidend von Ihrer Fähigkeit ab, sich in Gedanken gehenzulassen. Die freie Form der Assoziation sollte auch Ideen zulassen, die anfänglich noch in keiner Beziehung zum eigentlichen Problem stehen. Des weiteren sollten Sie dazu in der Lage sein, die gewonnenen Ideen hinsichtlich ihrer Anwendung auf das jeweilige Problem beurteilen zu können.

Zusammenfassung der Schritte

1. Listen Sie alle Attribute (Eigenschaften) oder Qualitäten des Objekts oder des Problems auf.
2. Stellen Sie freie Assoziationen zwischen Attributen oder Attributsgruppen her, die zu Erkenntnissen oder möglichen Problemlösungen führen könnten.
3. Untersuchen Sie die vorgeschlagenen Lösungen gründlich. Die eindeutig ungeeigneten Lösungen werden entfernt.

4. Untersuchen Sie die verbleibenden Wort- und Ideenassoziationen nach den besten Lösungsansätzen.
5. Wählen Sie vielversprechende Lösungen aus.

7.1.5 Attribute auflisten

Diese von Professor Robert Platt Crawford entwickelte Technik besteht aus einem Listing aller Attribute und Merkmale zu dem entsprechenden Problem bzw. Objekt [6].

Im Anschluß daran analysiert die mit der Problemlösung beauftragte Person jedes Attribut oder jede Gruppe von Attributen systematisch. So wird z.B. der Versuch unternommen, die genannten Attribute in unterschiedliche Begriffsvarianten umzuwandeln. Attributsbeispiele sind u.a. „physikalische" Schwerpunkte wie Farbe, Geschwindigkeit, Geruch, Gewicht, Größe; „soziale" Attribute beziehen sich auf Normen, Tabus, Verantwortlichkeiten, Führungsfähigkeit und Kommunikation. Attribute wie Empfindungen, Motivation, Erscheinungsbild, Symbolik und Selbstbild beziehen sich auf den psychologischen Bereich.

Die im folgenden aufgeführte Tabelle (Abb. 7.1) veranschaulicht die Anwendung dieser Technik bei der Vermarktung eines Bleistiftproduktes.

Attribute	*Mögliche Änderungen*
Bleistift erzeugt Schrift	*Lichtstrahl könnte Schrift auf lichtempfindlichem Papier erzeugen*
	Hitze könnte bei Thermopapier angewandt werden

Hölzerne Ummantelung	*Ummantelung kann auch aus Metall, Plastik oder Graphite bestehen*
Schlichte, gelbe Farbe	*Es ist durchaus vorstellbar, daß jede Farbe benutzt werden kann – so können Frauen, passend zu ihrer Kleidung, eine entsprechende Farbenwahl abgeben*

Abb. 7.1. Beispiel: Attribute auflisten. Aus: WHITING, C.S.: Operational Techniques of Creative Thinking. In: Advanced Management 10/1955, S. 26

Dieses Beispiel verdeutlicht die Vorgehensweise beim Auflisten von Attributen. Obwohl die aufgeführten Änderungen nicht alle neu sind, können sie doch zu interessanten Assoziationen und Kreativitätsanregungen führen. Vergessen wir nicht, die wichtigsten geschäftlichen Probleme und Möglichkeiten haben meistens auch etwas mit Diskontinuitäten zu tun. Sind sie auf diese vorbereitet?

Zusammenfassung der Schritte

1. Bringen Sie alle Attribute oder Merkmale eines Problems oder Objekts auf eine Liste.
2. Analysieren Sie jedes Attribut oder jede Gruppe von Attributen systematisch und verändern Sie es so häufig wie möglich.
3. Untersuchen Sie die daraus resultierenden Attributsbeschreibungen nach den bestmöglichen Lösungen.

7.1.6 „Zurück zum Kunden" und seinen Bedürfnissen

Es kann nicht häufig genug auf die Wichtigkeit einer Kundenorietierung hingewiesen werden. Dabei wenden wir nun unsere Aufmerksamkeit von den Produktproblemen hin zu den Herausforderungen des Marketingsbereich. Alles, was wir auf dem Gebiet des Marketings unternehmen, hat konkrete Auswirkungen auf den Kunden.

Die folgende Übung erwartet von Ihnen in Anlehnung an die erwähnten fünf Marketing-Mix-Faktoren (Produkt, Preis, Promotion, Distribution, Zielmarkt) eine Eintragung Ihrer Kernkompetenzen und Erfolgsfaktoren, mit denen Sie die Kundenbedürfnisse wettbewerbsfähiger befriedigen können. Fragen Sie sich, welche Bedürfnisse oder Wünsche des Kunden sind von vorrangiger Bedeutung?

Nach Benennung der verschiedenen Schlüsselfragen in bezug auf Ihre Zielsetzung und Einschränkungen erfolgt die Identifizierung der möglichen Problemlösung.

PRODUKT:

_____

_____

PREIS:

_____

_____

PROMOTION:

_____

_____

DISTRIBUTION:

_____

_____

ZIELMARKT:

_____

_____

Welche Einsichten und Erkenntnisse haben Sie bei dieser Übung gewonnen? Achten Sie auf mögliche Diskontinuitäten in Ihrem Markt? Sollten Sie etwas Neues oder Anderes beginnen?

Zusammenfassung der Schritte:

1. Benennen Sie Ihr Problem.
2. Identifizieren Sie die verschiedenen kundenorientierten Herausforderungen (Produkt, Preis, Promotion, Distribution, Zielmarkt).
3. Entwickeln Sie mögliche Lösungen.

7.1.7 „Zurück zur Sonne"

Das Leben auf unserem Planeten Erde hat seinen Energiebezug in der Sonne. Alle Dinge können auf ihren Energiegehalt reduziert werden. Verfolgt man ihre Entstehungsgeschichte zurück zu ihren natürlichen Ressourcen, aus denen sie sich entwickeln, so stellt sich die Sonne als Inbegriff jeglicher Energie dar. Auf ähnliche Weise kann man das Beziehungsgefüge eines Problems weitaus deutlicher wahrnehmen [7]. Dieses bessere Verständnis wird möglicherweise auch bessere Lösungen desselben hervorbringen.

Stellen Sie sich vor, daß wir einen Schuh aus neuen Materialien herstellen wollen, die im Regelfall mit der Fabrikation eines Schuhes bisher nichts zu tun hatten. Betrachten wir einen Schuh näher, so erkennen wir Materialien wie Leder, Fäden, Gummi, Metall, Plastik usw. Jedes genannte Material kann innerhalb seines spezifischen Entstehungsprozesses bis hin zur Sonnenenergie zurückverfolgt werden.

Folgende Beispielketten sollen diesen Sachverhalt verdeutlichen:

- Gummi: Ausstanzen, Vulkanisierung, Absatzfertigung, Transport, Gummifabrik, Rohgummi, Gummibaum und Sonne.
- Leder: Oberflächentextur, Färben, Stanzen, Schneiden, Gerben, Schlachthaus, Transport, Viehzucht, Futter und Sonne.

Beenden wir die Aufzählung an dieser Stelle; die Vorgehensweise ist transparent.

Gehen Sie nun in einem nächsten Schritt die erwähnten Materialien und Prozesse nochmals in Gedanken durch. Wäre es vorstellbar, daß z.B. das Zuschneiden des Leders nicht mehr mit einer Stanzmaschine, sondern mit einem computergestützten Laser durchgeführt wird; oder, daß anstatt von Textilfasern auch Kohlefasern - verstärkte Kunststoffäden - verwendet werden; oder könnte das Leder vielleicht eine andere Farbe haben?

Betrachtet man die erwähnten Wortketten, die letztendlich immer erst bei der Basisenergie „Sonne" enden, können neue Gedanken zu bisher unreflektierten Problemaspekten entstehen.

7.1.8 Kreis der Möglichkeiten

Diese Technik besteht aus einer beliebigen Anordnung verschiedener Problemattribute und ihrer Kombination zum Zwecke einer sich anschließenden Brainstorming-Phase [8]. Dieser Prozeß kann zwar einerseits sehr zeitintensiv sein, andererseits aber auch sehr lohnend in der Entwicklung neuer Ideen.

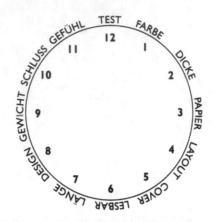

Es bestehen Ähnlichkeiten zu der oben genannten Technik der Attribute-Auflistung und der Attribut-Assoziation; dennoch hat sich diese Technik unabhängig davon entwickelt.

Bestandteile der „Forcing"-Technik sind ebenfalls ansatzweise vorhanden.

Zusammenfassung der Schritte:

1. Benennen Sie das Problem - z.B. die Entwicklung eines neuen Produktes oder die Verbesserung eines schon vorhandenen Produktes.
2. Zeichnen Sie einen Kreis und numerieren Sie ihn wie eine Uhr (1-12).
3. Wählen Sie zwölf Attribute des Problems aus und plazieren Sie sie im Uhrzeigersinn auf dem Ziffernblatt.
4. Entweder führen Sie nun individuell oder in der Gruppe ein Brainstorming, eine freie Assoziation oder ein Mindmapping zu den genannten Attributen durch.
5. Kombinieren Sie die verschiedenen Attribute; entweder lassen Sie hierbei dem Zufall freien Raum oder Sie greifen zum Würfel. Führen Sie nun auch zu den Kombinationen ein Brainstorming, eine freie Assoziation oder ein Mindmapping durch.
6. Fahren Sie mit dieser Vorgehensweise fort, bis Sie alle zwölf Punkte abgearbeitet haben.

7. Wenden Sie diese Technik auch bei beliebigen Kombinationen der Attribute an. Diese Kombinationen dürfen und sollten auch wahllos (natürlich?) entstehen. Wenden Sie bei diesen Kombinationen auch „Brainstorming", freie Assoziation und/oder „Mindmapping"-Techniken an.

7.1.9 KPL-Computerprogramme

Es gibt zahlreiche Computerprogramme, die bei der Entwicklung von Alternativen eingesetzt werden können.

Eines der leistungsfähigsten ist das „Idea Fisher"-Programm von „Fischer Idea Systems". Das Programm enthält ca. 60.000 Worte und Formulierungen, die verbunden mit den 650.000 Idee-Assoziationen zu zahlreichen Problemkennzeichnungen führen können.

Die Fragestellungen werden in drei Gruppen geordnet:

1. Orientierungsklassifikation,
2. Modifikationen,
3. Auswertungen.

Die Fragestellungen provozieren Ideen und Assoziationen; diese wiederum können genutzt werden, um bekannte Probleme zu lösen.

Nachteilig bemerkbar macht sich nur der immense Speicherbedarf des Programmes: ca. 7 Megabyte Speicher sollten auf Ihrer Festplatte schon frei sein; die Kosten belaufen sich auf DM 800 [9].

Ein anderes, auch in der Phase der Problemlösung anwendbares Computerprogramm ist der „Idea Generator Plus". Dieses Programm zielt vor allem darauf ab, der mit der Problemlösung beauftragten Person eine Anleitung in die Hand zu geben; in Form eines digitalen Assistenten stellt das Programm sicher, daß alle Aspekte des Problems Berücksichtigung finden. Es kann auch im Rahmen der Entwicklung von Alternativen Anwendung finden [10].

„Ideagen", das ebenfalls eine Tutorenrolle im Rahmen der Problemlösung einnimmt, unterstützt die Phase der Entwicklung von Ideen durch die Produktion beliebiger Formulierungen aufgrund freier Assoziationen.

„Mindlink" benutzt zahlreiche Denkanstöße, um den kreativen Problemlösungsprozeß anzuregen. Es verlangt von dem Anwender den Verzicht auf normale assoziative Vorgänge. Vielmehr fordert das Programm kontinuierlich den Weg zum Ungewöhnlichen. So könnte das Programm z.B. von Ihnen verlangen, einen Elefanten mit einer Ölquelle in Verbindung zu bringen; die geleistete Assoziation wird dann hinsichtlich eines möglichen Hinweises zur Problemlösung untersucht. Mindlink beginnt mit einigen kreativen „Aufwärmübungen" (The Gym). Andere Bereiche des Programmes enthalten Möglichkeiten zur Ideenentwicklung zur angeleiteten und generellen Problemlösung [11].

Die „Invention Machine" nutzt neben Fragen der Problemdefinition eine Datenbank mit 1250 Typen der unterschiedlichsten technologischen Probleme, eine Datenbank mit 1230 wissenschaftlichen Effekten der physikalischen bzw. chemischen Welt und auch noch 2000 Beispiele der innovativsten Erfindungen. Die Kombination der genannten Bereiche führt schließlich zur Entwicklung zahlreicher Problemlösungsansätze.

Der russische Ingenieur Michael Valdman benutzte das Programm zur Verbesserung eines Pizza-Boxen-Designs. Das Programm schlug Veränderungen hinsichtlich Form und Material vor. Die neu entwickelte „Box" war nun in der Lage, die Pizza dreimal länger warm zu halten [12].

7.1.10 Termine einhalten

Da die meisten kreativen Individuen dann am produktivsten sind, wenn sie unter konstruktivem Druck stehen, sind terminliche

Absprachen adäquate Mittel, um die Entwicklung von Alternativen und kreatives Arbeiten voranzutreiben. Ehrgeizige Termine steigern den Druck und fordern mehr rechtsseitige Gehirnaktivität.

7.1.11 Direkte Analogien

Im Rahmen einer direkten Analogie werden Fakten, Wissen oder Technologien von einem Bereich auf einen anderen übertragen und angewendet. Die Biologie ist ein fruchtbares Feld für solche Analogien.

So haben z.B. mehrere Wissenschaftler und Pioniere im Rahmen eines von der Universität Oregon durchgeführten Experimentes Spinnen und andere Käfer daraufhin untersucht, inwieweit ihr Verhalten geeignet ist, um zu einer Weiterentwicklung der Gewandtheit und Geschicklichkeit beweglicher Roboter beizutragen. Einer der Forscher, Eugene F. Fichter, brachte seine Beobachtungen auf folgende Formel: „Es sind großartige Modelle für Walking Machines". Die Bewegungen der Insekten und Spinnen wurden gefilmt und einer Analyse durch den Computer unterzogen. Man wollte feststellen, ob die beobachteten Bewegungen auch den schwerfälligen Robotern nutzen könnten [13].

Auch in England haben Wissenschaftler vergleichbare Analogien bei der Entwicklung neuer optischer Speichertechnologien benutzt; sie orientierten sich an der ungewöhnlichen Struktur eines Mottenauges. Zahlreiche Produkte entstanden aus dem neuen Design: billige, medizinische Diagnoseanlagen und Computerbildschirme [14].

Vor einigen Jahren wurde ein Kartoffelchipshersteller mit einem ständig wiederkehrenden Problem konfrontiert: Die Chips nahmen aufgrund ihrer lockeren Verpackung zu viel Platz in den Regalen ein. Eine Verpackung in kleineren Beuteln führte dazu, daß die Chips zerkrümelten. Der Hersteller fand die Lösung durch eine direkte Analogie; die Frage nach natürlich vorkommenden Objekten, die Ähnlichkeiten mit den Chips aufweisen sollten, brachte ihn zu „verdorrten Blättern". Auch verdorrte Blätter zerbrechen sehr leicht - und sie sind äußerst voluminös. Diese erste Analogie brachte ihn auf die richtige Spur. Im nächsten Schritt beschäftigte er sich mit gepreßten Blättern, die sehr flach sind und auf kleinstem Raum gestapelt werden können. Können Kartoffelchips in ähnliche Formen gebracht werden, ohne dabei zu zerbrechen?

In Fortführung des kreativen Prozesses stellte man fest, daß Blätter immer in feuchtem Zustand gepreßt werden. Man folgerte, daß die Kartoffelchips auf ähnliche Weise gehandhabt werden könnten, um ein Zerbrechen zu verhindern. Das Resultat sind die „Pringle's"-Chips. Auch in Deutschland wird diese Form der Verpackungen (Firma Bahlsen) eingesetzt.

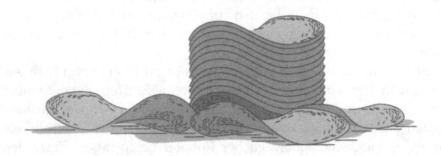

Ein landwirtschaftlicher Betrieb suchte einen Weg, um den zu pflanzenden Samen immer in der gleichen Distanz zu säen; die direkte Analogie zu einem Patronengurt eines Maschinengewehres kam der Firma zu Hilfe. Man kreierte einen biologisch abbaubares Band, das die entsprechenden Samen im immer gleichen Abstand enthielt [15]. Auf diese Weise werden auch die für das Keimen, Sprießen und Wachsen nötigen Elemente, sowie Spurenelemente und Düngekomponenten optimal zur Verfügung gestellt.

Einige direkte Analogien tauchen im KPL-Prozeß eher zufällig auf und werden dann vom Problemlöser weiterverfolgt. Zum Beispiel hatten sich bei Ford Designingenieure monatelang erfolglos darum bemüht, einen Sitz zu entwickeln, der sich automatisch den Konturen einer Person anpaßt. Ein Mitglied des Designteams Bill Camplisson, damals Direktor des Bereiches Marketing, war ebenfalls Mitglied des Teams. Spät in der Nacht hatte er den entscheidenden Einfall; die Analogie zu einem Strandball, der ihm in seiner Kindheit einmal unachtsam zerdrückt wurde, ließ ihn auf neue Ideen kommen. Der zertretene Strandball paßte sich unter Druck den Konturen des darunterliegenden Sands an. Da verstand Camplisson die Analogie zwischen dem körpergerechten Sitz und dem flexiblen Strandball. Die Designer stoppten ihre mechanischen Arbeiten und experimentierten mit neuen Materialien. Nach kurzer Zeit konnten sie den markgerechten Sitz vorstellen [16].

Denken Sie nun bitte an Ihr spezifisches Problem. Schreiben Sie eine direkte Analogie zu diesem Problem auf:

Welche möglichen Lösungen können Sie von Ihrer Analogie herleiten?

Analogien und Vergleiche werden häufig bei der „Exkursionstechnik" angewendet. Diese Technik kommt üblicherweise zum Einsatz, wenn traditionelle Techniken wie Brainstorming oder Mindmapping erfolglos bleiben. Die Beteiligten legen hierbei das Problem zunächst zur Seite und unternehmen eine Gedankenexkursion. Dies ist im wesentlichen eine Wortassoziation, die durch Visualisierungen angereichert wird. Es sollten Worte zur Anwendung kommen, die sehr farbenprächtig sind und eine gewisse visuelle Anziehungskraft ausstrahlen. Die Personen verbringen einige Zeit damit, den ausgewählten Worten entsprechende Phantasien zuzuordnen.

Nach einer gewissen Zeit werden sie aufgefordert, eine Beziehung zwischen den gerade erlebten Phantasien und dem eigentlichen Problem herzustellen. Die „Exkursion" kann auch eine Reise durch einen Naturschutzpark, einen Dschungel, einen Zoo oder eine große Stadt sein. Nach unproduktiven Versuchen mit anderen Techniken haben zahlreiche Firmen diese Technik erfolgreich eingesetzt. Diese Exkursionstechnik kann natürlich auch von einer Person durchgeführt werden. Im Kern ist sie jedoch ein Gruppenprozeß, der in Kapitel 7.2 näher beschrieben wird.

Zusammenfassung der Schritte:

1. Suchen Sie sich einen Bereich der Wissenschaft, in dem Sie mögliche Analogien zu Ihrem Problem vermuten.
2. Entwickeln Sie Analogien, die es Ihnen erlauben, Fakten, Wissen oder Technologien aus dem anderen Bereich in Ihren Problembereich zu übertragen.
3. Ermitteln Sie, welche Einsichten oder mögliche Lösungsansätze diese Analogie bietet.

7.1.12 Ideenquellen aufbauen

Anhand verschiedener Journale ist es jederzeit möglich, sich über einige gelungene Ideen zu informieren. Eine andere Möglichkeit ist der Zugriff auf bestehende Daten mittels einer Volltextrecherche. Die immer attraktiver werdenden Online-Dienste bieten gigantische Mengen an Informationen, die jederzeit und fast von jedem Ort abrufbar sind.

Nehmen Sie sich die Zeit, um eine Liste aller möglichen Ideenquellen zu erstellen. Beschränken Sie sich hierbei nicht auf vertraute Möglichkeiten, suchen Sie nach zusätzlichen Pfaden hin zu neuen Ideen. Sie können mit Enzyklopädien, Science-fiction-Literatur, Zeitschriften, Katalogen, Filmen, Museen, Kunstgalerien und Vergnügungsparks beginnen. Schreiben Sie jetzt bitte die Plätze und Situationen auf, die Sie zum kreativen Denken anregen:

_____ 1._____

_____ 2._____

_____ 3._____

_____ 4._____

_____ 5._____

7.1.13 Überprüfen Sie es mit den Sinnen

Bringen Sie alle Ihre Sinne (Hören, Sehen, Fühlen, Riechen, Schmecken) bei der Ideenentwicklung zum Einsatz. Notieren Sie bitte Ihre Einsichten und möglichen Lösungsansätze in bezug auf das zu behandelnde Problem und stellen Sie folgende Fragen:

- Wie fühlt es sich an?
- Wie duftet es?
- Wie sieht es aus?
- Wie hört es sich an?
- Wie schmeckt es Ihnen?

Achten Sie sorgfältig darauf, welche Gedanken oder Motivation durch diese Fragen bei Ihnen ausgelöst werden. Entwickeln sich Gedanken zu potentiellen Lösungsansätzen?

Erkenntnisse   Mögliche Lösungen
1._____   1._____
2._____   2._____
3._____   3._____
4._____   4._____
5._____   5._____

7.1.14 Die FCB-Matrix

Wenn Sie zur Bereicherung Ihres Angebots nach neuen Produkten/Dienstleistungen suchen, dann könnte die FCB-Technik Ihnen dabei helfen. Die FCB-Technik wurde von Richard Vaughn, Mitglied der Werbeagentur Foote, Cone & Belding entwickelt [17].

Es ist eine vierzellige Matrix, wie sie auch zur Beschreibung von Management- und Marketingkonzepten verwendet wird. Die Abbildung auf der nächsten Seite veranschaulicht eine solche Matrix.

Die zwei Achsen beschreiben Positionen eines starken bzw. schwachen Involviertseins; die Stufen des Denkens und Fühlens stehen in Beziehung zu den Produkten und Dienstleistungen. Eine hohe Stufe des Involviertseins beschreibt Luxusprodukte und Dienstleistungen wie Automobile, teuren Schmuck und Flugzeuge. „Geringes Involviertsein" bezieht sich auf z. B. Niedrigpreisprodukte wie Handwaschlotion, Fastfood oder Papierhandtücher usw.

Die Stufe des Denkens repräsentiert Produkte oder Dienstleistungen, die auf verbalen, numerischen, analytischen oder kognitiven Kriterien daraufhin bewertet werden, inwieweit der Kunde über diese Produkte „nachdenkt" oder zumindest mehr Informationen haben will. Beispiele beziehen sich auf Computer, verbreitete Software, und Autoversicherungen.

Die emotionale Stufe bezieht sich auf Produkte und Dienstleistungen, die die Emotionen des Kunden ansprechen. Gemeint sind hier z.B. Schmuck, kosmetische Produkte oder Sportwagen.

In dem Spannungsfeld zwischen hohem und geringem Involviertsein einerseits und Denken und Fühlen andererseits sind die verschiedenen, variablen Stufen der Kombinationen angesiedelt.

Das Ziel dieser Aktivität besteht darin, die bestehenden Produkte entsprechend ihrer Charakteristik auf dieser Matrix einzustufen. Im Anschluß werden die noch nicht besetzten „Produktplätze" identifiziert.

Es gibt etwa 20 Bücher, die sich schwerpunktmäßig mit kreativen Techniken der Problemlösung beschäftigen. Mit wenigen Ausnahmen sind diese Bücher im unteren Bereich des Involviertseins und überwiegend auf der Stufe des „Fühlens" angesiedelt.

Abb. 7.2a. Die FCB-Matrix

Das vorliegende Buch versucht ein Gleichgewicht zwischen dem emotionalen und dem analytischen Bereich zu schaffen. Die analytische und anwenderfreundliche Ausrichtung des Buches basiert auf der Entscheidung der Verfasser, die für diesen Ansatz eine „Marktlücke" sehen. Der rationalen Orientierung wurden auch einige emotionale Komponenten zur Seite gestellt, um das Buch für die rechte Gehirnhälfte zu gestalten.

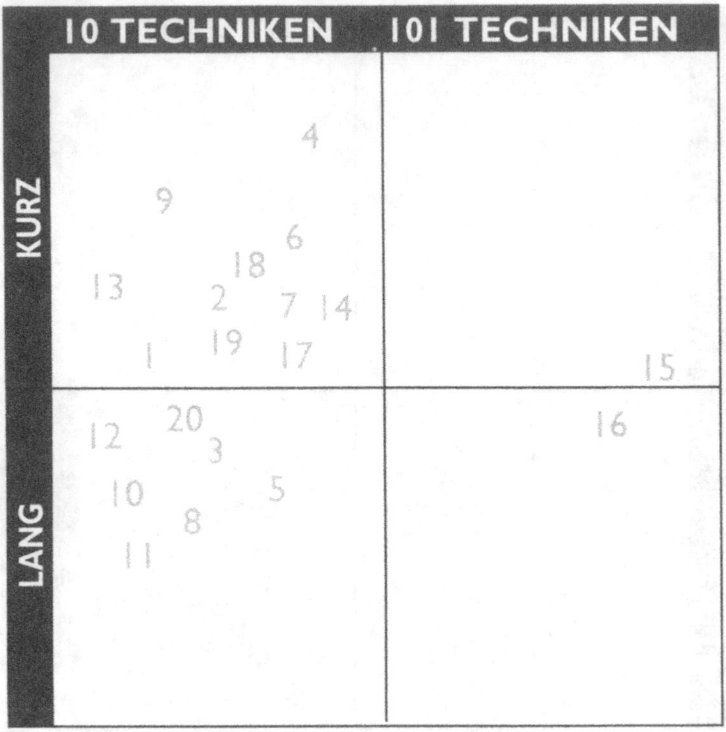

Abb. 7.2b. Die FCB-MATRIX

Zusammenfassung der Schritte:

1. Konstruieren Sie eine vierzellige Matrix mit zwei Achsen. Die eine Achse bezieht sich auf die Intensität der Kundeninvolviertheit. Die andere Achse skaliert die Erwartungen des Kunden hinsichtlich der Produktmerkmale. Die Involviertheit reicht von „sehr tief" bis „sehr hoch". Die Produktmerkmale werden unterteilt in mehr gedanklich und gefühlsmäßig ausgerichtete Interessen des Kunden.
2. Positionieren Sie nun die existierenden Produkte in dieser Matrix.
3. Bestimmen Sie anschließend die noch unbesetzte Marktnische und entwickeln Sie Produkte, die diese Nische füllen.

7.1.15 Objekt-Fokussierungstechnik

Diese Technik zentriert das Objekt. Es enthält auch Elemente einer freien Assoziation und einer erzwungenen Beziehung [18]. Sie wird vor allem in Situationen eingebettet, die einen sehr hohen Grad an Kreativität verlangen. Der grundsätzliche Unterschied zu den anderen Techniken, die auf erzwungenen Beziehungen basieren, ist die Tatsache, daß ein Objekt oder eine Idee zielbewußt und fokussiert ausgewählt wird.

Das Beispiel in der Tabelle 7.2 zeigt uns, wie die erzwungene Verwandtschaftstechnik mit der Assoziation zu einem Automobil eingesetzt wurde. Die Attribute des Lampenschirms waren Startpunkt für die Kette freier Assoziationen, die zu anderen Ideen führten. Die dritte Spalte in Tabelle 7.2 zeigt, wie die Assoziationen bei dem Problem angewendet werden, um neue Layoutideen für die Automobilwerbung zu erhalten.

Ein anderes Objekt, das zufällig in Augenschein genommen wird, benutzt man als Startpunkt für die anschließende freie Assoziation. Es folgt der Versuch, den entstandenen Strom von Assoziationen auf das ausgewählte Objekt oder Problem zu beziehen. Im Regelfall ist das zielgerichtet ausgewählte Objekt jenes, was üblicherweise mit effektiver und intensiver Werbung vermarktet werden soll.

Tabelle 7.1. Anwendung der Objekt-Fokussierungstechnik

Attribute des Lampenschirms	Kette freier Assoziationen	Anwendung bei Automobilwerbung
Lampenschirm ist so spitz wie ein Vulkan	Vulkan und vulkanische Kraft	
	Explosive-Kraft Spitze	Motor hat explosive Kraft
	Spitzenperfektion	Das Automobil ist die Spitze der Perfektion
	Steiler Berg	Die Fähigkeit, Berge zu bezwingen
Lampenschirm hat die Form	Rennen-Form	Im Layout einsetzen
	Pferde Pferdestärken	Rennende Pferde zeigen, Pferdestärke dramatisieren

Zusammenfassung der Schritte:

1. Wählen Sie ein Produkt, einen Service oder ein Objekt, das Sie verändern wollen.
2. Listen Sie Attribute für diese Aktivität auf.
3. Führen Sie eine freie Wortassoziation zu jedem Attribut durch.
4. Überprüfen Sie, inwieweit die freien Assoziationsideen geeignet sind, um die Marktposition des Produktes zu verbessern oder das anstehende Problem zu lösen.

7.1.16 „Die neue Perspektive"

Integrieren Sie eine Person, die nichts oder wenig über das Problem weiß, in den kreativen Problemlösungsprozeß. Dies kann eine Person von einer anderen Funktionsebene oder aus einem anderen Bereich sein. Oder stellen Sie einen Berater ein, der zwar Experte auf dem Gebiet kreativer Problemlösungstechniken ist, aber mit dem speziellen Problembereich bisher nicht vertraut ist. Solche Personen sehen das Problem mit einem frischen Blick aus einer neuen Perspektive. Ohne in das Projekt involviert zu sein, wird der „Outsider" möglicherweise unbelastete neue Ideen einbringen.

Sie können auch den Versuch unternehmen, ein sechsjähriges Kind mit dem Problem zu konfrontieren. Kinder sind noch nicht so stark sozialisiert, daß ihnen Teile ihrer Kreativität abgewöhnt wurden; Kinder sagen das, was sie denken. Was sie denken, könnte durchaus nützlich für die Problemlösung sein.

7.1.17 Gedankenfragmente in Regalfächern ordnen

Der Autor des Buches „The Management of Intelligence", Carl Gregory, schlägt ein speziell gestaltetes Stellregal zur Integration verschiedener Gedankenfragmente zu einem ganzheitlichen Gedankengerüst vor. Die Karte mit der Beschreibung der Idee wird in dem Regalfach eingeordnet und steht anschließend zur Verfügung. Um Regalfächer zu konstruieren, benötigen Sie einige Regalböden mit entsprechenden Rillen als Halterung für die Karten. Als Alternative bietet sich ein magnetisches Band oder Tafel an, das mit verschiedenen Ideekarten bestückt werden kann.

Diese Technik gleicht im wesentlichen dem in Kapitel 7.2 beschriebenen Storyboarding. Im Unterschied zu dieser Technik beginnt man jedoch bei der Erstellung eines „Racking boards" mit dem Sammeln ungeordneter Informationen. Gedankenfragmente können plötzliche Einsichten freisetzen. Während des Lesens können sich neue Beobachtungen und Eindrücke einstellen, die es auf dem Racking Board festzuhalten gilt.

7.1.18 Gedanken-Notizbuch

Auch Sie haben ständig neue Ideen im Kopf. So können sich z.B. während des Duschens, des Schlafens oder des Autofahrens neue Ideen entwickeln. Halten Sie sich ständig ein kleines Notizbuch bereit, um Ihre Ideen sofort zu Papier zu bringen. Die Ausformulierung dieser Ideen kann später erfolgen. Eine einmal vergessene Idee bleibt für immer verloren. Schreiben Sie jetzt bitte Ihre Ideen auf!

7.1.19 Input-Output

Diese von General Electric entworfene Technik, die im Rahmen des von der Firma durchgeführten kreativen Engineering-Programmes zur Anwendung kam, hilft bei der Realisierung von neuen Zielsetzungen. Ein dynamisches System kann hinsichtlich seiner begrenzenden Rahmenbedingungen differenziert betrachtet werden. Diese Klassifizierung des dynamischen Systems kann wie folgt vorgenommen werden:

  Input (Eingabe oder Eingang),
  Output (Ausgabe oder Ausgang),
  limitierende Anforderungen oder Spezifikationen.

So kann z.B. die Entwicklung eines Systems, das beim Eintritt grellen Sonnenlichts den Raum automatisch verdunkelt, folgendermaßen dargestellt werden: Auf jeder Stufe des Entwicklungsprozesses muß man sich folgende Frage stellen: „Kann das Phänomen (Input) genutzt werden, um zur direkten Abdunkelung des Fensters genutzt zu werden (gewünschter Output)?

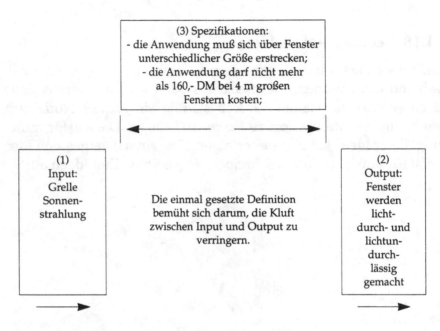

Abb. 7.3. Input-Output-Technik

Bei jedem Schritt wird die Frage gestellt: Kann dieses Phänomen (Input) direkt eingesetzt werden, um das Fenster weniger durchsichtig zu gestalten (gewünschter Output)? Wir wissen auch, daß sich die Sonnenenergie aus Licht und Hitze zusammensetzt.

Schritt 1: Welche Phänomene sind Reaktionen auf Hitze? Und welche auf Licht? Gibt es Vergasungen, die bei Hitzeeinwirkung verdunkelnd wirken? Gase expandieren, Metalle dehnen sich, feste Stoffe schmelzen. Gibt es Substanzen, die im grellen Licht verdunkelnd wirken? Bei welchem Material löst Lichteinwirkung Bewegung aus? In Solarzellen löst Licht elektrischen Strom aus. Gewisse Chemikalien zerfallen mit Lichteinwirkung. Pflanzen wachsen mit Licheinwirkung.

Schritt 2: Kann eines dieser Phänomene direkt zum Abdunkeln der Fenster eingesetzt werden? Gase, die bei Hitzeeinwirkung verdunkelnde Eigenschaften aufweisen? Substanzen, die grelles Licht abdunkeln? (Bi-Metallgewebe).

Schritt 3: Welches Phänomen reagiert auf den Output in Schritt 1? Gase expandieren und könnten ein Ventil oder einen Zylinder aktivieren. Photoelektrischer Strom könnte ein Relais oder eine Spule oder einen Elektromotor antreiben.

Schritt 4: Kann eines dieser Phänomene das Verdunkeln der Fenster bewirken? Eine Balg/Zylinderkombination könnte einen Abdunklungsmechanismus betätigen. Photoelektrik könnte eine Polarisierung in der Fensterscheibe bewirken.

Schritt 5: Welches Phänomen reagiert am besten auf den Output in Schritt 4? Die Balg/Zylinderkombination oder die Relais/Spulekombination? Kann ein kleiner Elektromotor die Abdunklung bewirken?

Auf diese oder ähnliche Weise können Konzepte für mögliche Lösungen entwickelt werden.

Zusammenfassung der Schritte:

1. Bestimmen Sie die Bezugsgrößen Input, gewünschter Output und die limitierenden Voraussetzungen bzw. Spezifikationen.
2. Versuchen Sie im Rahmen eines Brainstormings die Kluft zwischen dem In- und Output zu verringern. Beachten Sie dabei stets die existierenden Spezifikationen und Rahmenbedingungen.
3. Benutzen Sie die gewonnenen Attribute zur Entwicklung von möglichen Lösungen.
4. Stellen Sie sich ständig folgende Frage: „Kann das beschriebene Phänomen in irgendeiner Weise direkt zum gewünschten Output führen?"
5. Bewerten Sie die auf diesem Weg gewonnenen Erkenntnisse und Lösungsmöglichkeiten.

7.1.20 Hören Sie Musik!

Das Hören ruhiger und gefühlvoller Musik ist eine gute Möglichkeit, zur inneren Entspannung zu gelangen. Musik wird über die rechte Seite des Gehirns aufgenommen - die weitaus intuitivere Seite. Musik tendiert auch dazu, die analytische Seite des Gehirns zu puffern - zugunsten der Stimulierung der intuitiveren Seite.

7.1.21 Mind Mapping

Diese Technik wurde von Tony Buzan entwickelt - einem Mitglied der Learning Method Groups [19]. Mind Mapping basiert auf Forschungsergebnissen, nach denen unser Gehirn vorrangig mit untereinander in Beziehung stehenden und integrierenden Schlüsselkonzepten arbeitet. Buzan war der Meinung, daß der Beginn des „Working Outs" mit einer zentralen Idee sehr gut zu den Gedankenmustern unseres Gehirns paßt. Das Gehirn benötigt zudem einen Weg, um die Gedanken, die sich um den eigentlichen Kern entwickeln, zu sammeln und zu kanalisieren. Um diese Gedanken-Endstücke zu sichern, entwickelte Buzan die Mind-Mapping-Technik.

Mind Mapping ist ein individueller Brainstorming-Prozeß. Während der Durchführung der Technik ist man daran interessiert, verschiedenste Ideen - auch „wilde" und „verrückte" Gedanken - zu produzieren. Halten Sie das, was Ihnen gerade in den Sinn kommt, fest. Dies kann in Form des Mitschreibens, aber auch des Mitprotokollierens in Form einer Tonbandaufnahme geschehen. Sie richten sich zunächst nur nach der Quantität aus. Die Qualität spielt erst später eine Rolle. Kritik ist an dieser Stelle ebenfalls noch unangebracht. Zu einem späteren Zeitpunkt können Sie an den Anfang des Brainstormings zurückkehren und die von Ihnen erstellten Inputs einer Kritik unterziehen. Sie können aber auch noch - unter Berücksichtigung der erstellten Assoziationen - neue Ideen in einer zweiten Brainstormphase entwickeln.

Zu Beginn eines Mind-Mapping-Prozesses schreiben Sie bitte das anstehende Problem in das Zentrum eines Blatt Papiers und zeichnen einen Kreis um diesen Kerngedanken. Im Anschluß daran sollten Sie jede denkbare Facette des Problems einem Brainstorming unterziehen und die verschiedenen Aspekte als „Straßen", die von dem zentralen Objekt wegführen, in diese „Karte" einzeichnen. Von diesen „Hauptstraßen" können Sie innerhalb zusätzlicher Brainstormaktivitäten wiederum neue „Nebenstraßen" ermitteln und mit weiteren Abzweigungen ins Detail gehen. Die Vorgehensweise ist dabei Ihnen überlassen: Sie können zunächst die „Hauptstraßen" insgesamt einem Brainstorming unterziehen. Sie können aber auch eine „Hauptstraße" auswählen und die dazugehörigen „Nebenstraßen" verfolgen.

Um die Technik des Mind Mappings noch effektiver zu gestalten, sollten Sie die verschiedenen „Hauptstraßen" in unterschiedlichen Farben einzeichnen. Wenn Sie nach und nach immer mehr Verzweigungen eingehen, werden Sie feststellen, daß in Beziehung stehende Schwerpunkte in unterschiedlichen „Pfaden" erscheinen. Um diese Beziehung auch visuell hervorzuheben, benutzen Sie graphische Symbole (Kreise, Unterstreichen, ...). Die im folgenden dargestellte Abbildung (Abb. 7.4) zeigt ein einfaches Beispiel dieser Mind-Mapping-Technik.

Mind-Mapping eignet sich nicht nur zur Entwicklung neuer Ideen - es ist auch ein hervorragendes Mittel, um die eigene intuitive Kapazität zu entwickeln. Nützlich ist es vor allem hinsichtlich der Identifizierung aller Aspekte und Nebenaspekte, die in Beziehung zum eigentlichen Problem stehen. Die möglichen Lösungen eines Problems mit den entsprechenden Pro- und Contrahinweisen erhalten im Rahmen des Mind-Mappings auch ihren adäquaten Raum.

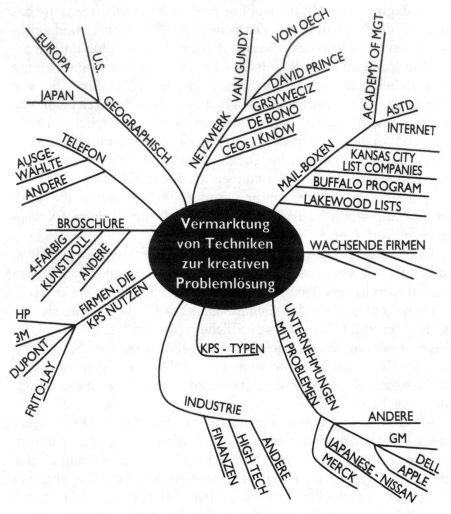

Abb. 7.4. Anwendung der Mind-Mapping-Technik

Auch die Gestaltung von Präsentationen, Memoranden und Buchkapiteln bedient sich zwischenzeitlich der Technik des Mind-Mappings. Es wird offensichtlich, daß die Technik des Mind-Mappings in zahlreichen Situationen zur erfolgreichen Anwendung kommen kann.

Zusammenfassung der Schritte:

1. Schreiben Sie den Namen oder die Beschreibung des Objektes/Problemes in das Zentrum eines Papierbogens; zeichnen Sie einen Kreis um den zentralen Punkt.
2. Unterziehen Sie jede Facette des Objektes/Problemes einem intensiven Brainstorming; plazieren Sie dabei Ihre Gedanken auf Linien, die Sie vom Zentrum weg zum Rand des Papieres hin ziehen.
3. Fügen Sie notwendige Verzweigungen hinzu.
4. Benutzen Sie Visualisierungshilfen wie z.B. verschiedene Farben, um bestimmte Gruppierungen bzw. Gemeinsamkeiten hervorzuheben.
5. Studieren Sie das von Ihnen erstellte Mind-Map bezüglich der entstandenen Interdependenzen und die sich entwickelten Lösungsmöglichkeiten.

7.1.22 Einsatzmöglichkeiten benennen

Das Benennen möglicher Anwendungen und Einsätze führt häufig zu zahlreichen Lösungsmöglichkeiten der Probleme und Herausforderungen. Welche Einsatzmöglichkeiten können Sie sich z. B. für einen Hammer einfallen lassen?

1. _____

2. _____

3. _____

4. _____

5. _____

Überlegen Sie sich z. B. für einige Minuten die verschiedenen Einsatzmöglichkeiten für ein Klettverschlußmaterial. Welche Lösungsmöglichkeiten öffnen sich Ihren Herausforderungen?

7.1.23 Napoleon-Technik

Stellen Sie sich vor, Sie wären eine prominente Persönlichkeit. Versuchen Sie das Problem aus der Sicht dieser Person zu lösen [20]. Die von Ihnen angenommene Identität wird Ihnen neue Perspektiven bei der Betrachtung eines Problemes erlauben. So können Sie sich z.B. fragen, was ein Isaac Newton oder ein Napoleon oder ein Albert Schweizer tun würde, wenn er Ihr Problem zu lösen hätte.

7.1.24 Organisierte Zufallssuche

Für viele Leute ist das beliebige Aufschlagen eines Lexikons und die sich anschließende Ideengestaltung aus den auf dieser Seite erwähnten Worten die einfachste Form, um auf neue Ideen zu kommen. Sie können auch ein anderes Buch oder einen Katalog benutzen.

Orientieren Sie sich anschließend an einer zweidimensionalen Matrix, um das gefundene Wort mit dem Problem/Objekt und seinen Attributen zu vergleichen. Gelegentlich wird es vorkommen, daß Sie nur ein Wort pro Seite auswählen, um sofort mit Ihren Assoziationen zu starten.

7.1.25 Persönliche Analogien

Ein interessanter Typ einer restriktiven Analogie ist die „Persönliche Analogie". Der Grundansatz geht davon aus, daß Sie sich selbst in die Situation involviert sehen können - möglicherweise durch entsprechende Rollenspiele.

Bei einer in 1980 durchgeführten Brainstorming-Sitzung wurden die Gilette-Manager mit der Aufgabe konfrontiert, sich in die Rolle menschlicher Haare zu versetzen. Die Manager versuchten sich die Behandlung aus der Sicht einer Haarsträhne vorzustellen. Diese Sichtweise entsprach einer Selbstbetrachtung des menschlichen Haares.

Während manche Angst davor hatten, täglich gewaschen zu werden, wetterten andere auf den gräßlichen Haartrockner. Die Vizepräsidentin von Gilette, Sandra Lawrence, erkannte, daß ein Shampoon die Fähigkeit besitzen müßte, auch für die verschiedenen Haartypen geeignet zu sein. Das Resultat war das „Silkience-Produkt", das innerhalb von einem Jahr zu den zehn meist verkauften Shampoos zählte.

Zusammenfassung der Schritte:

1. Involvieren Sie sich persönlich in das Problem; dies kann durch ein Rollenspiel oder durch Visualisierungsübungen geschehen.
2. Fragen Sie sich, welche Erkenntnisse oder Lösungsmöglichkeiten bietet dieses „Involviert-Sein"?

7.1.26 Bildliche Stimulierung

Durch die Stimulierung von Bildern sollen Ideen entstehen, die sonst im Rahmen eines Brainstormings nicht entwickelt werden [21]. Die bildliche Stimulierung erinnert an die bereits dargestellte Exkursions-Technik. Während die Beteiligten dort eine Exkursion visualisieren, betrachten sie bei dieser Technik ausschließlich Bilder. Während der kreativen Betrachtungsphase sind jegliche Unterhaltungen verboten; anschließend können verschiedene Brainstorming-Phasen nachgeschaltet werden.

Zusammenfassung der Schritte:

1. Wählen Sie Bilder aus verschiedenen Quellen aus; präsentieren Sie diese Bilder den beteiligten Personen in Form transparenter Folien oder als Slide-Show. Die Bilder sollten ein gewisses Maß an Handlung beinhalten; zu abstrakte Bilder sind ungeeignet.
2. Untersuchen Sie jedes Bild, und sprechen Sie Ihre Beschreibung auf einen Recorder; anschließend sollten Sie Ihre Beschreibung zu Papier (Tafel) bringen.
3. Benutzen Sie jede Zeile der Beschreibung, um neue Ideen zu diesem Teil der Beschreibung zu entwickeln. Diese Gedanken sollten Sie wiederum separat protokollieren (Recorder).
4. Verfahren Sie so auch mit den restlichen Bildern.

7.1.27 Checkliste zur Verbesserung der Produkte

Die von Arthur B. Van Gundy entwickelte Checkliste zur Verbesserung eines Produktes (PICL) ähnelt im wesentlichen der in diesem Kapitel weiter unten vorgestellten „verbalen Checkliste" von Osborn.

Van Gundy's Checkliste umfaßt 526 Worte. Sie hat einige Ausdrücke integriert, die auf den ersten Blick recht absurd erscheinen; doch auch diese Begriffe sind geeignet, neue Gedankenmuster zu entwickeln. In dieser Checkliste finden sich z.B. folgende Hinweise zum Umgang mit dem Produkt:

Es ... machen:
- es weicher machen,
- es härter machen,
- es vertikal ausrichten,
- es unzerbrechlich machen,
- es dreieckig machen.

Über ... nachdenken:
- über Fernsehen nachdenken,
- über Ameisen nachdenken,
- über Jahreszeiten nachdenken,
- über Bakterien nachdenken,
- über Sir Lancelot nachdenken.

Den Versuch machen, ...
- es zu zeichnen,
- es zu nähen,
- es aufzuhängen,
- es aufzublasen,
- es gasförmig verpuffen zu lassen.

Hinzufügen oder Wegnehmen:
- Trichter,
- Furchen,
- Alkohol,
- Velcro (Klettmaterial),
- Kraft.

Van Gundy hat eine weitere Technik mit dem vielversprechenden Namen „Kreise der Kreativität" entwickelt. Einige hundert Worte sind in drei konzentrischen Kreisen geschrieben - differenziert nach verschiedenen Kategorien (Versuche, Mache, Denke, Stelle Dir vor, ...) - angesiedelt. Läßt man die verschiedenen Kreise in unterschiedliche Richtungen rotieren, ergeben sich beim wiederholten Scheibenstillstand Überschneidungen zufällig zahlreicher Wortkombinationen, die neue Gedanken entstehen lassen.

Zusammenfassung der Schritte:
1. Bestimmen Sie das Produkt oder den Service, den Sie verbessern möchten.
2. Nehmen Sie jedes Wort (Verb) aus der Checkliste und übertragen Sie es auf Ihr Produkt oder Service. Schreiben Sie die Resultate mit.
3. Entscheiden Sie, welche der ausgewählten Aktionen die am ehesten durchführbare ist.

7.1.28 In-Beziehung-Setzen

Im Rahmen dieser Übung begeben Sie sich auf die Suche nach allen Produkten, die in irgendeiner Weise in Beziehung zu Ihrem Produkt stehen. Der Vergleich mit den „verwandten" Produkten könnte Sie möglicherweise auf Ideen hinsichtlich der Entwicklung eigener neuer Produkte bringen [22].

7.1.29 „Verwandte" Worte

Die in diesem Kapitel später zur Anwendung kommende „verbale Checkliste" zeichnet sich vor allem durch einen Prozeß der erzwungenen Beziehung aus. Es gibt zahlreiche andere Techniken, die weitaus offener in der Erstellung ihrer Wortverwandtschaften vorgehen. Die Checklisten mit erzwungenen Wortverwandtschaften können vor allem von Künstlern und Schriftstellern bei der Entwicklung oder Neubenennung eines Produktes (Werkes) angewandt werden. Die im folgenden dargestellten Techniken 7.1.29 und 7.1.30 verstehen sich als Vertreter der erzwungenen Wortverwandtschaften; 7.1.30 enthält auch einen Teil freier Assoziation.

Zusammenfassung der Schritte:

1. Bestimmen Sie das Produkt oder den Service, der modifiziert werden soll.
2. Versuchen Sie die in den verschiedenen Checklisten auffindbaren Worte in Beziehung zu diesem Produkt oder Service zu setzen. Notieren Sie die Ergebnisse in den dafür vorgesehenen Zeilen.
3. Sichten Sie die Resultate auf mögliche Lösungsvorschläge.

7.1.30 „Umkehrung und wieder zurück"

Die „Umkehr-und-zurück"-Technik kann zahlreiche neue Perspektiven zu einem Problem anbieten [23]. Bestimmen Sie das Problem, indem Sie ein Verb gebrauchen, das das Problem am besten beschreibt. Nehmen Sie nun das Gegenteil dieses Verbs und lösen Sie das auf diesem Weg neu geschaffene Problem. So wird z.B. die Absicht, das Produkt zu verbessern, ins Gegenteil - eine Verschlechterung des Produktes - umgekehrt. Die vorgeschlagenen Lösungen zur Verschlechterung des Produktes werden letztlich dazu beitragen, das Originalproblem mit neuen Lösungsansätzen anzugehen.

7.1.31 Im „Gras der Ideen" rollen

Diese Technik setzt voraus, daß Sie umfangreiches Material zu dem vorliegenden Problem zusammengetragen haben - in einer einfachen, leicht lesbaren Form. So können Sie z.B. Zusammenfassungen von Artikeln oder Büchern, Erfahrungen anderer und Aktionen evtl. Mitbewerber sammeln. Lesen Sie dann das Material so schnell wie möglich. Fragen Sie sich dann, was dies alles für Ihre Situation bedeutet. Haben Sie vielleicht bestimmte Muster oder Gesetzmäßigkeiten entdeckt? Kommen Ihnen dabei schon verschiedene Lösungen in den Sinn?

Der Name dieser Technik ergab sich aus der Beobachtung des Verhaltens meiner Hunde. Auch Sie haben sicherlich schon Hunde gesehen, die sich auf dem Rücken im Gras wälzen. Beim Sichten vieler Artikel innerhalb kürzester Zeit, um dadurch auf neue Ideen zu kommen, war die Analogie geboren: Das förmliche Durchwühlen der Artikel nach neuen Ideen schien dem Wälzen der Hund im Gras sehr ähnlich.

Zusammenfassung der Schritte:

1. Sammeln Sie Informationen über das Problem; machen Sie Ihre Notizen in leicht lesbarer Form.
2. Lesen Sie in einer einzigen Sitzung alle von Ihnen gemachten Notizen. Ihre Gedanken dazu sollten gleichzeitig in Ihrem Bewußtsein vorhanden sein.
3. Erlauben Sie das natürliche Heranreifen aller Gedanken und beobachten Sie, was aus Ihren Ideen wird.

7.1.32 7 x 7 Technik

Ein anderer Weg, um den Nutzen neuer Ideen zu bewerten, ist die sog. 7 x 7 Technik. Sie besteht aus Aktivitäten mit Ideenkarten, die auf einem „Racking Board" in sieben Zeilen und sieben Spalteneingeordnet sind. Anhand verschiedener Übungen sind die Ideen weiter zu entfalten, zu organisieren und auszuwerten [24].

Carl Gregory, der Entwickler dieser Technik, schlägt folgende Schritte zur Strukturierung der Ideen vor:

1. Kombinieren Sie die auf dem Racking Board festgehaltenen, ähnlichen Ideen;
2. Schließen Sie irrelevante Daten aus; legen Sie die ausgeschlossenen Gedanken in einen anderen Stapel und bearbeiten Sie sie später;
3. Modifizieren Sie die Ideen, um die in Schritt 1 und 2 gewonnenen Erkenntnisse abzuwandeln;
4. Verschieben Sie nebensächliche Daten für spätere Konsultationen;
5. Sichten Sie vergangene Übungen, um mögliche Veränderungen oder Verfeinerungen in der Fragestellung zu berücksichtigen;
6. Klassifizieren Sie unterschiedliche Gruppen in verschiedenen Spalten; hierbei können Sie auch über die Zahl sieben hinausgehen - acht, neun oder zehn Spalten sind ebenfalls denkbar;
7. Bestimmen Sie in jeder Spalte über- und untergeordnete Punkte;
8. Generalisieren Sie in jeder Spalte, indem Sie die zentrale Idee als Überschrift oder Titel nutzen;
9. Ordnen Sie die Spalten von links nach rechts unter Berücksichtigung ihrer Wichtigkeit oder Nützlichkeit.

Es gibt zahlreiche Varianten dieser „7 x 7 Technik". Wie z.B. die später beschriebene Technik des Storyboarding kann auch die vorliegende in Technik in Gruppenarbeit durchgeführt werden.

Zusammenfassung der Schritte:

1. Ordnen Sie die Ideen in Fächern auf einem 7 x 7 Racking- Board- Regal.
2. Untersuchen Sie die gesammelten Ideen anhand der oben genannten Kriterien 1-9.
3. Bewerten Sie die Resultate.

7.1.33 Schlafen Sie darüber / Träumen Sie davon!

Für einige Personen ist eine der einfachsten Möglichkeiten, Alternativen zu entwickeln, das konzentrierte, ernsthafte und beharrliche Durchdenken des Problems vor dem Schlafengehen. Es bestehen gute Chancen, daß sich nach dem Aufwachen am nächsten Morgen neue Alternativen zur Lösung des Problems entfalten. Das Unterbewußtsein, das trotz unseres Schlafzustandes weiterarbeitet, sorgt für die kontinuierliche Weiterverarbeitung und evtl. Lösung des Problems.

Einige Wissenschaftler (Thomas Edison, Friedrich August Kekule) berichten davon, daß die von ihnen entwickelten Lösungen aus Träumen zu dem Problem entstanden sind. Auch Schriftsteller machen ähnliche Erfahrungen; so schreibt Robert Louis Stevenson die Entdeckung der Charaktere Dr. Jekyll und Mr. Hyde eindeutig einem Traum zu [25].

Zusammenfassung der Schritte:

1. Denken Sie engagiert und ausdauernd über das Problem nach; gehen Sie anschließend zu Bett.
2. Wenn Sie während der Nacht mit einer neuen Idee aufwachen, schreiben Sie sie auf bereitgelegte Notizblätter.
3. Wenn Sie am nächsten Morgen aufwachen, denken Sie über Ihre Träume nach und schauen Sie, ob darin vielleicht Lösungsansätze zum Problem sichtbar werden. Schreiben Sie dann die möglichen Lösungen auf und bearbeiten Sie sie.

7.1.34 „Zwei-Worte-Technik"

Die Bedeutung, die Sie verschiedenen Worten zuschreiben, kann Ihre Fähigkeit zur Lösung des Problemes negativ beeinflussen. Mit der „Zwei-Worte-Technik" bestimmen Sie zwei Worte, die den Kernpunkt Ihres Problemes umreißen [26].

Gehen wir z. B. von dem Problem häufiger Abwesenheit bzw. Fehlens der Mitarbeiter am Arbeitsplatz aus. Um dieses Problem in den Griff zu bekommen, könnten Sie folgende alternativen Wortverbindungen konstruieren:

Reduzieren	**Versäumnisse**
Vermindern	Draußen-Sein
Nachlassen	Weg-Sein
Verkürzen	Nicht-da-Sein
Beschränken	Nicht-Präsent-Sein
Verringern	Fehlen
Zusammenziehen	Verloren-Sein

Im Anschluß an diese Übung versuchen Sie, die gefundenen Worte auf verschiedenen Wegen zu kombinieren. Die folgenden Resultate könnten entstehen:

1. Entwickeln Sie ein Abwesenheitsprogramm, in dem den Angestellten eine bestimmte Anzahl von Tagen zugestanden wird, an denen sie unentschuldigt fernbleiben dürfen (Fehlen/Abwesend).

2. Untersuchen Sie Ihr Arbeitsfeld nach evtl. störende Einflüssen, die Ihre Belegschaft zum Fernbleiben veranlaßt (Verringern/Fehlen).

3. Ändern Sie die Konsequenzen für unentschuldigtes Fernbleiben, wenn es weniger als einen Tag beträgt (Verkürzen/Draußen-Sein - „Gleitzeit").

4. Erlauben Sie Ihren Angestellten, daß sie in einem Quartal für eine festgelegte Zahl von Tagen fernbleiben können - vorausgesetzt, die Arbeit wird termingerecht erledigt (Beschränken/Weg-Sein).

Diese Technik ist hervorragend geeignet, Definitionsprobleme transparent zu machen und eine mögliche gedankliche Festlegung zu verhindern. Doch auch wenn Sie keine Probleme mit der sprachlichen Festlegung haben, kann diese Technik bei der Ideenentwicklung wertvolle Dienste leisten.

Zusammenfassung der Schritte:

1. Wählen Sie zwei Schlüsselworte zur jeweiligen Problembeschreibung.
2. Notieren Sie alternative Beschreibungen der beiden Worte; ein Thesaurus oder ein Wörterbuch können hierbei hilfreich sein.
3. Wählen Sie das erste Wort der ersten Liste aus und kombinieren Sie es mit dem ersten Wort der zweiten Liste.
4. Werten Sie diese Kombination aus; schauen Sie, ob sich neue Ideen ergeben. Schreiben Sie auftauchende Ideen auf.
5. Kombinieren Sie das erste Wort der ersten Liste mit dem zweiten Wort der zweiten Liste.
6. Fahren Sie fort mit der unter Punkt 4 beschriebenen Auswertung; verfahren Sie bei den anderen Wortkombinationen ebenso. Schreiben Sie die sich entwickelnden Ideen auf.

7.1.35 Kreativitätsstimulierung mit dem Computer

Computer ermöglichen interessante, spezielle Effekte bei Präsentationen wie z.B. Tortengraphiken im 3D-Format oder deren Rotation. Softwarepakete wie „MacPaint" oder „PC Paintbrush" erlauben dem Benutzer die Konstruktion von kreativen Präsentationen; Programme wie Freehand, Designer, Corel Draw oder Powerpoint bieten neben der besseren Graphik auch die Gestaltung von Textvarianten. Die „Deluxe Video Software" geht sogar noch einen Schritt weiter und verhilft dem PC zur Multimediaintegration von Videomitschnitten in einer Präsentation oder in einem Vortrag, beeindruckende Graphiken und damit überzogene Hintergrundszenen regelmäßig zum Einsatz kommen zu lassen.

Computer Aided Design (CAD) führt schließlich zu einem raschen Redesign im PC. Die herkömmlich geleistete Handarbeit des Künstlers wird durch rasche, effektive Designstudien am Computer unterstützt [27].

7.1.36 Verbale Checkliste der Kreativität

Eine Checkliste von Fragen zu einem existierenden Produkt, Service oder Prozeß kann neue Erkenntnisse entstehen lassen, die zu Innovationen führen sollen. Die am häufigsten genutzte „verbale Checkliste" wurde von Alex Osborn zu einem Zeitpunkt entwickelt, als er bei einer großen amerikanischen Werbeagentur beschäftigt war. Auch die hier beschriebene Technik des Brainstormings wurde von ihm entwickelt. Die erste Beschreibung dieser beiden Techniken entstand im Jahr 1953 [28]. Wenige der in der Zwischenzeit entwickelten KPL-Prozesse sind so erfolgreich angewendet worden wie die von Osborn entwickelten Techniken.

Hinter der verbalen Checkliste von Osborn steckt die Idee, daß ein existierendes Produkt nur dann erfolgreich weiterentwickelt werden kann, wenn wiederholt eine Serie marktorientierter Fragen zu dem Produkt gestellt und verfolgt werden. Diese können weitreichende Konsequenzen mit sich bringen. Die zentralen Fragestellungen werden durch die Worte „Modifizieren?" und „Kombinieren?" ausgedrückt. Diese Worte zeigen mögliche Wege der Produktverbesserung aufgrund von Veränderungen auf.

Zahlreiche Unternehmen haben die von Osborn entwickelte „verbale Checkliste" bei der Entwicklung und Verbesserung ihrer Produkte eingesetzt.

Die folgende Liste veranschaulicht die von Osborn entwickelte „verbale Checkliste". Weiter unten erhalten Sie selbst die Gelegenheit, ein vorbereitetes Formular selbständig auszufüllen. Verstehen

Sie dies entweder als eine Übung zur Anwendung der Technik oder als ein aktuelles Übungsbeispiel zur Verbesserung eines Ihrer vorhandenen Produktes oder einer Dienstleistung. Einige der genannten Verben der Checkliste lassen sich nicht direkt bei bestimmten Dienstleistungen anwenden. Dennoch sollten sie bei Ihren ganzheitlichen Überlegungen Berücksichtigung finden.

Die „verbale Checkliste" von Osborn

Neuer Nutzen?
- Gibt es neue Wege, um das Produkt/den Servive anders zu nutzen?
- Sichert eine Modifizierung neue Nutzungsmöglichkeiten?

Anpassen?
- Gibt es etwas, was ähnlich ist?
- Welche andere Idee entsteht?
- Zeigt die Vergangenheit Parallelen auf?
- Was kann ich kopieren?
- Welcher Idee kann ich nacheifern?

Modifizieren?
- Neue Richtung?
- Verändern der Bedeutung, der Farbe, der Bewegung, des Tones, des Geruches, der Form, der Gestalt?
- Andere Änderungen?

Verstärken?
- Was kann hinzugefügt werden?
- Mehr Zeit? Frequenz erhöhen? Härter? Höher? Länger? Dicker? Besonders wertvoll? Neue Zutaten? Duplizieren? Multiplizieren? Übertreiben?

Verkleinern?
- Was könnte man abziehen?
- Kleiner? Kondensieren? Miniaturisieren? Weicher? Kürzer? Leichter? Weglassen? Schlanker? Aufsplitten? Untertreiben?

Austauschen?
- Wen kann man austauschen?
- Was kann man austauschen?
- Andere Zutaten?
- Andere Materialien?
- Andere Prozesse?
- Andere Kräfte?
- Andere Orte?
- Anderen Ansatz?
- Andere Stimmungen?

Neu anordnen?
- Austauschen der Komponenten?
- Andere Muster?
- Anderes Layout?
- Andere Sequenz?
- Ursache und Wirkung verändern?
- Tempo ändern?
- Terminplan ändern?

Gegenteiliges?
- Umkehrung von Positivem und Negativem?
- Was leistet das Gegenstück?
- Unten nach Obendrehen des Problems?
- Rollen vertauschen?
- Zurückrollen des Problems?
- Schuhe wechseln?
- Tische umdrehen?
- Andere Wange hinhalten?

Kombinieren?
- Wie wäre es mit einer Mischung, einem Sortiment, einem Zusammenspiel?
- Kombination von Einheiten?
- Kombination von Zwecken?
- Kombination von Vorzügen?
- Kombination von Ideen?

Quelle: OSBORN, A.: Applied Imagination. New York 1953, Seite 284. Gedruckt mit der Genehmigung der Creative Edge Foundation, Buffalo, New York.

Osborns Checkliste als Raster

Produkt/Service   _____

Anderer Nutzen   _____

Anpassen   _____

Modifizieren   _____

Vergrößern   _____

Verkleinern   _____

Ersetzen   _____

Neu anordnen   _____

Umkehren   _____

Kombinieren   _____

Am Kopf dieser Liste tragen Sie den Namen des Produktes bzw. des Services ein. Anschließend beziehen Sie alle Verben und Defintionen der von Osborn erstellten Checkliste auf das genannte Produkt bzw. den Service. Halten Sie die neuen Ideen fest, indem Sie Ihre Gedanken in den freien Bereich der jeweiligen Zeile eintragen (s.o.). Eine typische Sitzung zur Anwendung der Checkliste dauert in der Regel zwischen 15 Minuten und einer Stunde.

Zusammenfassung der Schritte:

1. Identifizieren Sie das zu modifizierende Produkt oder den zu modifizierenden Service.
2. Beziehen Sie jedes Verb der Checkliste auf das obengenannte Produkt / den Service; schreiben Sie Ihre Vorschläge mit. Benutzen Sie hierzu die freigelassenen Zeilenbereiche im obigen Text.
3. Sichten Sie die von Ihnen erstellten Veränderungswünsche. Ist möglicherweise der Ansatz einer Lösung vorhanden?

7.1.37 Visualisierung

Die Visualisierung eines Problems und die damit verbundenen potentiellen Lösungen können hervorragend zur Entwicklung von Alternativen herangezogen werden. Der Verstand reagiert auf Bilder weitaus kreativer als auf Worte. Die Visualisierung kreiert neue Erkenntnisse, die neue Lösungsansätze anregen. Diese Technik kann auch mit anderen kombiniert werden.

Schließen Sie Ihre Augen und stellen Sie sich das Problem bildlich vor. Was sehen Sie jetzt? Erweitern Sie das, was Sie sehen. Suchen Sie nach weiteren Details. Was schlagen Ihnen Ihre Visionen vor? Welche Lösungsansätze können Sie erkennen?

7.1.38 „Was wäre, wenn ..."

Fragen Sie sich, was sind die möglichen Folgen des Geschehens? So könnten Sie z.B. darüber mutmaßen, was der mögliche Verkauf von einer Million Produktionseinheiten für Sie im nächsten Jahr ändern würde. Oder welche Wirkungen ein denkbarer Umsatzrückgang im folgenden Jahr auf das Unternehmen haben würden? Was sollte dann unternommen werden? Dynamische Computermodellierung kann hierbei behilflich sein.

Erfolgreiche Unternehmensführung hängt oft von der Fähigkeit ab, die richtigen Prognosen für zukünftiges Marktgeschehen abzugeben. Auch in anderen Bereichen sind strategische Erwägungen notwendig. Etwa 80% des Astronautentrainings basieren auf „Was wäre, wenn ... - Szenarien" [30].

7.2 Gruppentechniken

„Ist die Wettbewerbsfähigkeit der deutschen Wirtschaft wirklich gefährdet? Häufen sich Versäumnisse und Fehlentscheidungen im Management der Konzerne? Kostengünstigere und zeitsparende Teamarbeit wird durch das ‚Kästchendenken' deutscher Manager verhindert, glaubt der McKinsey-Chefberater Kenichi Ohmae festgestellt zu haben. Jeder Abteilungsleiter achtet darauf, daß ihm kein anderer in seinen Bereich hineinschaut. Die Folgen: Die Entwicklung neuer Produkte dauert viermal länger als bei der japanischen Konkurrenz"[1].

Diese Äußerungen aus der Zeitschrift DIE WOCHE machen deutlich, warum zwischenzeitlich zahlreiche an das Management herangetragenen Ansprüche immer wieder die Notwendigkeit der Bildung selbständig arbeitender Gruppen betonen [2]. Die Gruppenaktivitäten rücken verstärkt in den Mittelpunkt des Interesses; sie sind das Ziel vieler Anstrengungen, um die Qualität und Produktivität der Unternehmungen zu steigern.

Auch die vorhandenen Kapazitäten der Mitarbeiter genießen gegenwärtig eine hohe Beachtung. „Ungeheure Produktivitätspotentiale wollen Organisationsforscher in den Köpfen der Mitarbeiter entdeckt haben, und seitdem häufen sich in den deutschen Unternehmen die Gruppentreffen" [3]. Erst eine Krise der deutschen Industrie, die mit tradierten Strukturen radikal zu Gericht ging, modifizierte die bis dahin gültige Gestaltung der Arbeitsprozesse: „Der Arbeiter hatte nur wenige Handgriffe zu verrichten - und nichts zu melden." Doch die Wende scheint in Sicht zu sein: der Arbeiter soll jetzt „mehr mitwirken und mitreden und über seine Arbeitsabläufe selbstverantwortlich entscheiden. Das schafft, wenn es funktioniert, eine bessere Organisationskultur und zufriedene Mitarbeiter" [4].

Das in Rüsselsheim angesiedelte Werk des Automobilkonzerns Opel praktiziert im Bereich der Motorenfertigung eine erfolgreiche Form der Gruppenarbeit. Acht bis zehn Mitarbeiter tragen dort eigene Verantwortung für ihren Fertigungsbereich. Der Gruppenleiter wird von ihnen bestimmt. Die Arbeit verteilen sie selbständig untereinander und die eigenständige Problemlösung rückt in den Mittelpunkt. Die Qualität der Arbeit wird als ständig verbesserungswürdig betrachtet [5]. Folgende Vorteile lassen sich durch die Arbeit in selbstverantwortlichen Teams erzielen:

- effektivere Organisation;
- bessere Motivation durch Mitverantwortung und Kompetenzgewinn;
- qualifiziertere und flexiblere Teams aufgrund der Beherrschung mehrerer Arbeitsplätze und zusätzlicher Aufgaben;
- bürokratische Umwege entfallen durch Problemlösungen vor Ort;
- Vermeidung langwieriger Nachbesserungen durch Einbindung aller im Planungsprozeß [6].

Der sich gegenwärtig abzeichnende Trend hin zur Arbeit in selbstverantwortlichen Gruppen bringt uns fast zwangsläufig zum Thema „Teamarbeit", die sich mit der „Entwicklung" und „Gestaltung" neuer Ideen und Möglichkeiten auseinandersetzt. Wünschenswert ist die Förderung der innovativen Ideen der Arbeiternehmer vor Ort mit Techniken zur kreativen Entwicklung möglicher Alternativen.

Im ersten Schritt gibt Ihnen dieser Teil des Kapitels einen Überblick über die verschiedenen Vor- und Nachteile gruppenorientierter und kreativer Entscheidungsprozesse. In dieser Diskussion unterscheiden wir zwischen zwei Gruppentypen:

- interaktive Gruppen,
- nichtinteraktive Gruppen.

Während in interaktiven Gruppen die verschiedenen Teilnehmer sich an einem Ort gegenübersitzen, sind nichtinteraktive Gruppen räumlich getrennt. Die im folgenden vorgetragenen Techniken sind überwiegend für Aktivitäten in interaktiven Gruppen gedacht. Eine Ausnahme bildet lediglich die sog. Delphi-Technik.

Vor- und Nachteile gruppenorientierter Entscheidungsprozesse

Vorteile der gruppenorientierten Entscheidungsprozesse beziehen sich vor allem auf folgende Bereiche [7]:

1. Gruppen können aufgrund der teamintegrierten Wissens- und Erfahrungskapazität bessere Lösungen entwickeln als isoliert arbeitende Individuen. Doch eine interaktiv agierende Gruppe begnügt sich nicht nur mit der Summation. Ein Team erarbeitet sich ein Synergiefundament, das über die bloße Aneinanderreihung verschiedener Wissenssegmente hinausreicht.
2. Diejenigen, die von der Entscheidung direkt betroffen sind, werden diese Entscheidung - bei entsprechender Mitbestimmung - umso motivierter vorantreiben.
3. Die Transparenz der Entscheidung orientiert sich wesentlich an der im voraus zu leistenden Mitsprachemöglichkeit in der Gruppe.
4. Gruppenaktivitäten gewährleisten mehrperspektivische Suchanstrengungen nach Alternativen.
5. Die Tendenz zum „Risiko" kann minimiert werden. Im Gegensatz zum höheren „individuellem" Risiko kann die Gruppenatmosphäre für die nötige Balance der Handhabung des Risikos sorgen.
6. Die in der Gruppe erzielte kollektive Beurteilung ist substantieller als die von einer Person.

Auf der anderen Seite gibt es auch zahlreiche Nachteile bei gruppenorientierter Entscheidungsfindungen [8]:

1. In interaktiven Gruppen kann der Zwang zur Konformität stark ausgeprägt sein. Gelegentlich werden diese Gruppen besonders anfällig für das sogenannte „Gruppendenken", in dem die Personen ihr Denken immer mehr einander annähern, während neue oder konträre Gedanken kaum noch Berücksichtigung finden.
2. Eine dominierende Person kann die Gruppe so mit seiner/ihrer Meinung beeinflußen, daß die Stellungnahme der anderen Mitglieder marginalen Charakter bekommt.

3. Im Regelfall benötigen Gruppen - im Vergleich zu einzelnen Personen - weitaus mehr Zeit, um zu entscheiden.
4. Obwohl Gruppen im allgemeinen am Ende zuverlässige Entscheidungen treffen, kann dies schneller von ausgewogenen Einzelpersonen erreicht werden, die über eine breite Wissens- und Erfahrungsbasis verfügen. Untersuchungen belegen, daß erfahrene und teamdienliche Gruppenmitglieder das hohe Qualitätsniveau einer Gruppe bestimmen.
5. Ein immenser Zeitaufwand bei der Konsensfindung innerhalb der Gruppe könnte die Vorteile einer gelungenen Entscheidungsfindung wieder aufheben.
6. Gelegentlich kommt es vor, daß Gruppen risikoreiche Entscheidungen treffen; die Aufteilung des Risikos auf mehrere Schultern kann die eine oder andere - möglicherweise weitaus riskantere - Entscheidung begünstigen. Aus diesem Grunde muß den Gefahren der kollektiven Nicht-Verantwortung entgegengewirkt werden.

Im Rahmen einer Gruppenaktivität zur Entwicklung kreativer Lösungsmöglichkeiten sollten die genannten Vor- und Nachteile und die offenkundig werdenden Einschränkungen stets Berücksichtigung finden.

7.2.1 Brainstorming

Das Brainstorming ist zweifellos die bekannteste Gruppentechnik [9]. Diese Technik ist vor ca. 60 Jahren von Alex Osborn mit der Absicht entwickelt worden, die Qualität und die Quantität verkaufsfördernder Ideen zu erhöhen [10]. Der Begriff „Brainstorming" soll erklären, daß die beteiligten Personen in Form eines „Gedankensturms" das jeweilige Problem durchleuchten und konstruktiv durcheinanderwirbeln. Alternative Lösungen werden spontan und unreflektiert vorgetragen. Der Leiter (Moderator) des Brainstormings toleriert jeden Beitrag und sorgt dafür, daß alle Gedanken für alle sichtbar und verständlich festgehalten werden. Der Schwerpunkt des Brainstormings liegt in dieser Phase eindeutig auf der Quantität der Beiträge; Kritik oder lange Diskussion ist noch nicht gefragt. Die Ideen werden zu einem späteren Zeitpunkt einer sorgfältigen Analyse unterzogen.

Die Gruppe

Der Brainstorming-Prozeß orientiert sich an einer Gruppenstärke von sechs bis zwölf Personen, einem Leiter (Moderator) und einem Assistenten, die alle in die Aufgabe der Ideenentwicklung eingebunden sind. Um genügend Ideen zu entwickeln, sollte die Gruppe mindestens sechs Mitglieder besitzen. Bei einer Teilnehmerzahl von mehr als zwölf Personen wird es schwierig, die zahlreich geäußerten Ideen verständlich festzuhalten. Außerdem muß man sich vor Augen halten, daß größere Gruppen auf manche Teilnehmer eher hemmend oder furchtauslösend als stimulierend wirken. Der Zweck der Gruppenaktivität bestimmt letztendlich auch die Zusammensetzung derselben. Unterschiedliche Arbeitsschwerpunkte und -bereiche bilden den Rahmen für die Auswahl der Teilnehmer.

Die Regeln

1. Kein Vorschlag wird sofort beurteilt;
2. Alle Ideen sind willkommen;
3. Die Quantität der Ideen steht im Vordergrund;
4. Die Ideen können kombiniert und verfeinert werden.

Der Leiter (Moderator)

Der Gruppenleiter wird in der Regel vor der entsprechenden Sitzung mit der Leitung beauftragt. Er informiert die Teilnehmer im voraus über das zur Diskussion anstehende Thema. Zu Beginn der Sitzung schreibt der Leiter das zentrale Problem in die Mitte der

Tafel. Nach Einsetzen der Brainstormaktivitäten auf seiten der Teilnehmer hat der Leiter folgende Aufgaben zu erfüllen:

- Wahrnehmung und Fixierung der Beiträge,
- Stimulation der Teilnehmer zur Beisteuerung von Ideen,
- Die Gruppe am eigentliche Fokus ausrichten,
- Die Einhaltung der weiter oben genannten Regeln des Brainstormings zu sichern.

Die wichtigste Regel ist das Verbot jeglicher Kritik während der Ideenentwicklungsphase des Brainstormings. Taucht während der Ideenentwicklung Kritik auf, ist der zentrale Gedanke des Brainstormings gefährdet.

Ein gelegentliches Ermüden der Teilnehmer, das zwangsläufig den Ideenfluß hemmt, muß der Leiter mit aufmunternden Beiträgen entgegenwirken. Eine von vielen Möglichkeiten diese Stagnation zu umgehen, besteht darin, jedem Mitglied 30 Sekunden Bedenkzeit zur Formulierung einer neuen Idee zu geben.

Die sich anschließende Phase der Bewertung, in der die gesammelten Ideen in verschiedene Bereiche und nach ihrer Wichtigkeit geordnet werden, kann entweder von dem Leiter der Brainstormaktivitäten, oder aber auch von einem neuen Gruppenleiter durchgeführt werden. In dieser Bewertungsphase sollte der Gruppenleiter darauf achten, daß bestimmte Ideen, z.B. aufgrund ihrer Realitätsferne, nicht einfach verworfen werden. Der Gruppenleiter muß vielmehr darauf achten, daß die auf den ersten Blick womöglich irrelevanten Lösungen im Verlauf der Diskussion durch Adaptionsgedanken in die Lösungsfindung integriert werden. Weiterhin sollte er Abweisversuchen zu bestimmten Ideen aufgrund von Geld oder Ressourcenmangel entgegenwirken. Die Rolle des Gruppenleiters schließt auch die Neutralisierung von unsachlicher Kritik während des Bewertungsprozesses ein.

Der Schriftführer

Der Schriftführer protokolliert jede Idee der Teilnehmer auf einer für alle deutlich sichtbaren und beschreibbaren Oberfläche. In kleinen Gruppen kann die Funktion des Leiters und des Assistenten von einer Person ausgeführt werden.

Beobachtungen während der Durchführung

Untersuchungen und Forschungen belegen, daß ein Brainstorming gewöhnlich mehr Ideen entwickelt als andere gruppenorientierte Problemlösungstechniken. Die enthaltenen Kriterien wie Spontanität, Bewertungssperre, Kritikaussetzung bewirken nicht nur einen Fortschritt im Hinblick auf die Quantität der Ideen, sondern auch auf die schließlich entscheidende Qualität.

Eine typische Brainstormingphase wird gewöhnlich ca. 30 Minuten dauern. Die Benennung eines Produktes und die Planung des dafür nötigen Vertriebs in einer einzigen Brainstormsitzung überfordert die Möglichkeiten dieser KPL-Technik.

Aufgrund der einfachen Struktur der vorgestellten Brainstormingtechnik neigt eine oberflächliche Betrachtung dazu, diese Methode in ihrer Wirksamkeit zu unterschätzen. Den eigentlichen Wert des Brainstormings kann erst nach mehrfachen Einsatz dieser Technik erkannt werden.

Erfahrungen mit der Technik

Viele Organisationen nutzen Brainstormaktivitäten bei der Lösung unterschiedlichster Probleme und Marktmöglichkeiten. So hat z.B. Federal Express im Rahmen seiner Strategien zur Qualitätssicherung (QIP), die u.a. dem Ziel dienen, eine noch schnellere und zuverlässigere Paketlieferung zu gewährleisten, sogenannte „Qualitätssicherungsgruppen" (Quality action teams) gegründet. Diese sind vorrangig damit beschäftig, Probleme in den verschiedenen Unternehmensebenen zu identifizieren und zu lösen. Hierbei bedienen sich die QAT-Teams überwiegend der Methode des Brainstormings [11].

Bei AT & T ging es in einem von vielen Brainstorming-Projekten darum, die wirtschaftsstrategischen Szenarien für das Unternehmens im nächsten Jahrhundert zu durchleuchten [12]. Die Ergebnisse zeigten eindrucksvoll die Schwächen der bis dahin vorgelegten Strategie auf.

Auch deutsche Firmen haben zwischenzeitlich festgestellt, daß die so durch ihre Mitarbeiter entwickelten neuen Ideen beträchtliche Ertragsverbesserungen bewirken können. Das Deutsche Institut für Betriebswirtschaft nennt für das Jahr 1992 die Zahl von 430.000 Einfällen. Das sind immerhin doppel soviel wie 1978 [13]. Die Umsetzungsquote beträgt etwa 40 %. Dies entspricht nach Berechnungen des Institutes jährlichen Ertragsverbesserungen für die Betriebe in Höhe von etwa 711 Millionen Mark. Dennoch besitzt in Deutschland erst jedes dritte Unternehmen ein betriebliches Vorschlagswesen. Neben der Institutionalisierung eines derartigen Gebildes und einer Anbindung an entsprechende Honorierungssysteme spielen bei diesen Überlegungen auch kreativen Techniken wie Brainstorming ein grundlegende Rolle.

Zusammenfassung der Schritte:

1. Wählen Sie eine Gruppe mit 6-12 Personen aus, zusätzlich einen Gruppenleiter.
2. Der Gruppenleiter definiert das Problem im Vorfeld der Sitzung.
3. Die Gruppe macht Vorschläge zur Lösung des Problems; grundlegend sind hierbei die vier Regeln des Brainstormings:
   a. Kein Vorschlag wird sofort beurteilt;
   b. Alle Ideen sind willkommen;
   c. Die Quantität der Ideen steht im Vordergrund;
   d. Die Ideen können kombiniert und verfeinert werden.
4. Nach ca. 30 Minuten Sitzungsdauer macht die Gruppe eine Zäsur; anschließend findet man sich wieder zur Analyse der Ideen zusammen.

Brainstorming-Versionen

Es gibt heute verschiedene Varianten dieser Brainstormingtechnik. Viele der später entwickelten Techniken verwenden die Grundelemente der ursprünglichen Vorgehensweise. Zwei der formellen Variationen sind die „Nimm fünf" und die „Crawford Slip" Methode. Diese beiden Techniken werden wir in einem späteren Kapitel erklären.

Japanische Kreativitätstechniken

Die meisten japanischen Kreativitätstechniken stammen aus den verschiedenen Brainstormingvariationen. Diese Form der gruppenorientieren KPL-Techniken kommt der japanischen Gesellschaft, Kultur und Mentalität weitaus entgegen, im Gegensatz zum stark ausgeprägten Individualismus in westlichen Nationen. Aufgrund ihrer gruppenorientierten Zurückhaltung vor öffentlich vorgetragener Kritik haben die Japaner verschiedene Abwandlungen des Brainstormingprozesses entwickelt, die kreative Kräfte im jeweiligen Prozeß mit den kulturellen Stärken der Japaner verbinden. Vier japanische Variationen des Brainstromings werden hier beschrieben:

- Lotusblütentechnik (MY)
- Mitsubishimethode,
- NHK-Methode,
- TKJ-Methode

7.2.2 Brainwriting

Für die Technik des Brainwritings, die eine nichtverbale Form des Brainstormings darstellt, treffen die beschriebenen Regeln des Brainstormings ebenfalls zu. Die Teilnehmer verständigen sich untereinander durch ein sog. Schreibgespräch: jedes Mitglied schreibt die Lösungsvorschläge zum gestellten Problem auf einen Zettel und reicht diesen im Kreis weiter zum nächsten Nachbarn. Dieser gibt seinen bearbeiteten Zettel nach einer bestimmten Zeitspanne wieder zum Nächsten usw.

Die Zielsetzung besteht darin, auf der gedanklichen Leistung des Nachbarn aufzubauen und diese weiterzuentwickeln. Ein dreimaliger Tauschzyklus der Zettel im Kreis ist gewöhnlich ausreichend, um eine stattliche Anzahl guter Ideen zu produzieren. Der Gruppenleiter kann dann die entsprechenden Ideen lesen, sie auf ein Storyboard schreiben oder die Gruppe bitten, eine weitere Brainwritingübung durchzuführen [14]. Der grundsätzliche Vorteil des Brainwritings besteht darin, daß dem Leiter weniger Möglichkeit der Beeinflussung eingeräumt wird. Demgegenüber kann sich die fehlende Spontanität nachteilig bemerkbar machen.

Empfehlenswert für die Durchführung ist die Erstellung einer Tabelle mit drei Spalten für die anschließende Bearbeitung der anfänglich vorgestellten Idee. Anhand dieses graphischen Hilfsmittels ist man in der Lage, die fortschreitende gedankliche Weiterentwicklung des ersten Gedankens nachzuvollziehen. Der Einfluß domierender Personen in der Gruppe kann mit dieser Technik eher in konstruktive Bahnen gelenkt werden.

Die erste Runde zur Entwicklung der Ideen sollte ca. zwei Minuten dauern. Die sich anschließenden Runden beanspruchen mehr Zeit, da die Teilnehmer zunächst die Gedanken des Nachbarn verarbeiten müssen; erst dann können sie zur Formulierung der eigenen übergehen.

Zusammenfassung der Schritte:

1. Das Problem wird definiert.
2. Die Teilnehmer schreiben ihre Lösungsvorschläge nieder.
3. Nach einer bestimmten Zeitspanne werden die Ideen zur nächsten Person weitergereicht.
4. Diese Person baut auf den Überlegungen des Nachbarn auf und entwickelt so möglicherweise wiederum neue Lösungen. Diese Lösungen werden dann in der zweiten Spalte festgehalten.
5. In der Regel genügt ein dreimaliger Weiterreichzyklus.
6. Die Ideen werden entweder laut vorgelesen, auf ein Storyboard geschrieben oder auf andere Art und Weise diskutiert und evaluiert.

7.2.3 Brainwriting Pool

Bei dieser Technik sitzen sechs bis acht Personen zusammen und schreiben ihre Gedanken zu einem vorgegebenen Problem nieder. Diese KPL-Technik wurde von dem deutschen Battelle-Institut in Frankfurt entwickelt. Nachdem die Teilnehmer jeweils vier Ideen formuliert haben, legen sie ihre Papierkärtchen in die Mitte des Tisches. Einen Zwang zum Ablegen der erstellten Kärtchen gibt es nicht. Sollten einem Teilnehmer die Ideen ausgehen, kann er seine Gedanken gegen Entwürfe aus der Tischmitte austauschen; so kann er einerseits neue Ideen entwickeln oder aber schon schriftlich fixierte Lösungen weiterdenken. Die Dauer einer Sitzung sollte ca. 30 Minuten betragen [15]. Am Ende der Sitzung sollte jeder Teilnehmer einmal sein Papier gegen ein Papier aus dem „Pool" ausgetauscht haben.

Diese Methode gibt den Teilnehmern die Möglichkeit, die eigenen Gedanken in aller Ruhe weiter zu entfalten; die Kopplung mit den Gedanken der anderen Teilnehmer erfolgt erst am Ende der eigenen Ideenentwicklung.

Zusammenfassung der Schritte:

1. Das Problem wird definiert.
2. Sechs bis acht Personen schreiben ihre Lösungen auf einen Zettel.
3. Nachdem jede Person vier Ideen zu Papier gebracht hat, wird der Zettel in der Mitte des Tisches plaziert.
4. Beim Ausbleiben neuer Ideen können die Mitglieder ihre unvollständigen Entwürfe gegen andere aus der Tischmitte austauschen; auf diesen aufbauend können entweder neue Ideen oder Weiterentwicklungen produziert werden.
5. Schließlich sollte jeder Teilnehmer einmal seinen Zettel gegen einen aus dem „Pool" ausgetauscht haben.

7.2.4 Brainwriting 6-3-5

Prof. Bernd Rohrbach hat das Brainwriting zu der im folgenden dargestellten Technik „6-3-5" weiterentwickelt. Diese Variation des Brainwritings orientiert sich an 6 Personen, die 3 neue Ideen innerhalb von 5 Minuten erstellen [16]. Nach 5 Minuten wandert das Papier zum nächsten Partner, der seine Anmerkungen zu der vorliegenden Idee hinzufügt. Dieser Prozeß wird solange fortgeführt, bis alle Teilnehmer zu jedem Zettel Stellung genommen haben. Theoretisch kann die Gruppe so innerhalb von 30 Minuten 108 Ideen entwickeln; realistisch betrachtet, abzüglich der nicht zu vermeidenden Doppelungen, kann man mit ca. 60 guten Ideen rechnen. Dessenungeachtet ist es trotzdem eine sehr produktive Art der Alternativenentwicklung.

Auch bei dieser Technik kann man die Zeitspanne für die erste Phase auf etwa zwei Minuten begrenzen; die Entwicklung der eigenen Ideen geht schneller vonstatten als das Lesen und die folgende Bearbeitung der anderen Gedanken.

Zusammenfassung der Schritte:

1. Das Problem wird definiert.
2. Sechs Personen bringen drei Gedanken zu Papier.
3. Die Zettel wandern dann im Kreis zum nächsten Partner.
4. Nun werden die erarbeiteten Lösungen überprüft, bearbeitet oder in neue Gedanken umgewandelt; diese werden neben den ursprünglichen Lösungen festgehalten.
5. Dieser Prozeß wird solange wiederholt, bis alle Personen zu allen Zetteln Stellung genommen haben.
6. Die Ergebnisse werden diskutiert und ausgewertet.

7.2.5 Kreatives Imaging

Die Technik des kreativen Imaging basiert auf der Annahme, daß die Entwicklung der Fähigkeiten zur Visualisierung mit vermehrter Kreativität verbunden ist [17].

Kreatives Imaging besteht aus drei Stufen:

a. Die Vision für eine dringend notwendige Veränderung.
b. Die Vision eines besseren Lösungsansatzes.
c. Den Aktionsplan für diese Vision zu formulieren.

Die Durchführung dieses Prozesses kann zunächst in den Händen einer Person liegen; die entstehenden Resultate (Visionen) können dann der Gruppe vorgestellt werden. Ein andere Möglichkeit ist die Steuerung des gesamten Prozesses durch einen Gruppenleiter (Moderator) im Rahmen einer Gruppensitzung.

Die Gruppengröße sollte in der Regel sechs bis acht Personen nicht übersteigen. Eine größere Teilnehmerzahl ist ebenfalls denkbar. In einer typischen Anwendungssituation werden die Teilnehmer gebeten, sich zu äußern, wie sie sich Ihr Unternehmen unter idealen wirtschaftlichen Bedingungen in zehn Jahren vorstellen. Der Schlüssel zur erfolgreichen Anwendung dieser Technik liegt in der Bereitschaft der Teilnehmer sich für ihre Visionen zu enthemmen. Deshalb ist das Ermutigungstalent des Gruppenleiters, die Teilnehmer aus der Reserve zu locken, von besonderer Bedeutung. Um die Inspiration der Gruppenmitglieder zum freien Umgang mit ihren Vorstellungen zu fördern, muß der Gruppenleiter ihnen Mut machen, um ihre Hemmungen abzulegen.

Eine Berücksichtigung, die die Anwendung dieser Technik begrenzen könnte, ist die Tatsache, das laut neurolinguistischer Theorie etwa 60 bis 80 % der Bevölkerung „visuelle" Personen sind, der Rest wird als „verbale" und „gefühlsbetonte" Personen eingestuft [18]. Sollte nur ein Teilnehmer der verbalen oder der gefühlbetonten Kategorie angehören, so wird er sich bei der Anwendung dieser Technik eher unwohl fühlen; es sei denn, der Gruppenleiter trägt sein Konzept mit Feingefühl attraktiv und überzeugend vor.

7.2.6 Kreative Sprünge

Die eben beschriebene Technik des kreativen Imaging ist eine von vier Techniken, die gemeinsam als „kreative Sprünge" bekannt sind [19]. Die Technik der „kreativen" Sprünge ist eine hervorragende Methode, um sogenannte Durchbruchskonzepte zu entwickeln. Dies geschieht dann, wenn die Gruppe zunächst den Sprung zur idealen Lösung wagt und sich anschließend zeitlich wieder zurückorientiert, um einen brauchbaren Realisierungsplan zu entwerfen, der sich den konkreten Fragen und Anforderungen stellt.

Es gibt vier Wege, um die Anwendung der Technik der „kreativen Sprünge"in einer Organisation zu trainieren:

1. Eine Beschreibung der Zukunftsvisionen für das Unternehmen.
2. Eine Beschreibung des idealen (leistungsfähigsten) Wettbewerbers erstellen.

3. Eine Vorstellung der idealen Zukunftsprodukte, die sie entwickeln könnten, wenn es keine technischen oder finanziellen Begrenzungen gäbe.
4. Die Festlegung der Informationen, die das Unternehmen zum Gewinnen benötigt.

Der Erfolg mit der „kreativen Sprünge-Technik" hängt stark von den Fähigkeiten des Moderators ab. Die bei dem Kreativen Imaging genannten Einschränkungen treffen auch auf diese Technik zu.

7.2.7 Kreativitätskreise

Qualitätskreise sind kleine Arbeitsgruppen, die sich regelmäßig treffen, um Qualitätsprobleme in ihrem Arbeitsbereich zu lösen. Die zunächst in Japan entwickelten Qualitätskreise haben wesentlichen Anteil daran gehabt, daß japanische Firmen gegenüber ihren Mitbewerbern überlegene Qualität als Wettbewerbshebel einsetzen konnten. In jüngerer Zeit wurde dieses Konzept der KPL-Technik „Kreativitätskreise" auf viele Problemarten der Unternehmen ausgedehnt. Diese Modifikation taucht neben Japan häufiger in Europa auf [20]. Für Japan ist dies eine logisch-natürliche Weiterentwicklung der Qualitätskreisetechnik. Diese KPL-Technik ist eine Antwort auf die offenkundige Notwendigkeit für mehr kreative Problemlösungen. In den USA ist die Anwendung von Kreativitätskreisen noch keine Alltäglichkeit; demgegenüber bringen viele europäische Firmen diese Techniken schon effektiv zum Einsatz.

Hier werden kreative Gruppentechniken beschrieben, die zur Steigerung der Innovationskräfte in Unternehmen genutzt werden können. Sollte Ihr Unternehmen nach einer Erhöhung der Kreativität in Arbeitsgruppen streben, empfiehlt sich die Anwendung der hier beschriebenen Technik.

7.2.8 Crawford Slip Methode

Diese Variation des Brainstormings wurde 1925 von C.C. Crawford entwickelt. Der Name dieser Technik, die Crawford Slip Methode (CSM), gibt schon Aufschluß über den Inhalt dieser Technik. Eine wesentliche Rolle spielen hierbei Zettel in Notizblockgröße, auf die die Teilnehmer ihre Ideen schreiben. Eine CSM-Gruppe kann eine beliebige Anzahl von Teilnehmern aufweisen. Da die Zeit zur Ideenentwicklung relativ kurz ist (ca. 10 Minuten), empfehlen sich größere Gruppen. Eine Gruppe mit 20 Teilnehmern kann während einer Sitzungsdauer von 35 - 45 Minuten ca. 400 Ideen entwickeln. Der Prozeß gliedert sich in vier Phasen:

Schritt I

Der Gruppenleiter stellt zielgerichtete und fokussierende Statements zur Aufgabe vor. Diese Statements sind so formuliert, daß sie den Teilnehmern kreative Ideen zur Zielsetzung entlocken sollen. Diese Ziele werden sorgfältig formuliert und deutlich dargestellt. Bei der CSM-Technik, im Gegensatz zu anderen KPL-Techniken wird der gesamte Problemkomplex ganzheitlich beschrieben und erklärt. Danach kann das Verständnis mit weiteren Erklärungen vertieft werden. Zu dieser Vorgehensweise finden Sie Beispiele in den folgenden Tabellen 1 und 2:

Tabelle 1
TQM Implementierungsprobleme: (Problembereich)
Wo sind die Schwachstellen des Systems? (Gesamtproblem)

- Wo erscheint der Implementierungsweg des TQM-Programms mangelhaft und unbefriedigend?
- Welche Schwierigkeiten haben Sie und Ihre Kollegen bei der Implementierung von TQM?

- Was sind Hindernisse, Engpässe, Verzögerungen und die Frustrationen, die bei den TQM-Implementierungen begegnet wurden?
- Schreiben Sie jetzt jede dieser Schwierigkeiten, Mißerfolge, Zeitverschwendungen, Verfälschungen oder Mißbräuche bei der TQM-Implementierung auf eine separate Karte.

aus: Fiero, J.: „The Crawford Slip Method," Quality Progress (Mai 1992), S. 40-41.

Tabelle 2
Vorschläge für die Entscheidungsträger: (Problembereich)
Wie sollten TQM-Implementierungen ablaufen? (Gesamtproblem)

- Lösungen und Möglichkeiten sind Kehrseiten der Probleme.
- Bieten Sie Ihre beste Unterstützung und Vorschläge an, um die identifizierten Probleme zu beseitigen oder zu verhindern.
- Welche verschiedenen Vorgehensweisen, Regeln und Lösungsansätze haben Sie erfolgreich eingesetzt?
- Stellen Sie sich vor, Sie hätten die Gesamtkontrolle. Wie würden Sie effektiver vorgehen?
- Schreiben Sie sofort Ihre erste Idee auf eine Karte, und warten Sie nicht, bis die absolut optimale Idee auftaucht.
- Schreiben Sie jede Verbessserungslösung für die TQM-Implementierung auf eine separate Karte.

aus: Fiero, J.: „The Crawford Slip Method," Quality Progress (Mai 1992), S. 40-41.

Schritt 2

Die Teilnehmer schreiben ihre Reaktionen auf die vorbereiteten Kärtchen. Für jede Idee wird jeweils ein Kärtchen verwendet. Die Größe dieser Kärtchen ist nur ca. 12x 7 cm. Dies sorgt dafür, daß die Lösungsvorschläge einfach, kurz und bündig formuliert werden.

Während des Schreibens der Ideenkärtchen haben die Teilnehmer folgende Regeln einzuhalten:

- Die Idee muß entlang der langen Kante des Kärtchens ausgerichtet werden, nicht an der kurzen Seite der Kärtchen (nicht quer).
- Die Idee muß an der oberen Ecke des Kärtchens beginnen.
- Die Idee besteht aus einem Satz pro Kärtchen.

- Die Erklärung der Idee befindet sich auf einem neuen Kärtchen.
- Worte wie „es" oder „dies" sind zu vermeiden.
- Abkürzungen werden bei erstmaliger Benutzung ausgeschrieben.
- Die Ideensätze sollen kurz sein und einfache Worte verwenden.
- Die Ideen müssen auch für Aussenstehende verständlich sein, die mit dem jeweiligen Problem nicht vertraut sind.
- Während der zur Verfügung stehenden Zeit sollten ständig Ideen aufgeschrieben werden.

Danach bedankt sich der Gruppenleiter (Moderator) bei den Teilnehmern für deren Mitarbeit und verabschiedet sich. Im folgenden Prozeß zur Daten- und Informationsreduzierung sind die Teilnehmer gewöhnlich nicht mehr anwesend. Ihnen wird zu einem späteren Zeitpunkt eine Zusammenfassung der wesentlichen Resultate ausgehändigt. Die CSM-Technik ähnelt der später beschriebenen TKJ-Methode. Bei der TKJ-Methode sind die Teilnehmer am Datenreduzierungsprozeß beteiligt.

Schritt 3

Der Gruppenleiter beginnt jetzt mit der Datenreduzierung. Dies beinhaltet folgende Schritte:

1. Sortieren der Kärtchen in viele allgemeine Kategorien.
2. Die Konsolidierung dieser Kärtchen in weniger aber wesentliche Kategorien.
3. Die Verfeinerung dieser Kategorien und die Entwicklung eines Resümees für den schriftlichen Bericht.
4. Die Einteilung in Kapitel, Bereiche und Abschnitte und die Editierung des schriftlichen Berichtes.

Durch das TQM-Beispiel aus der Tabelle haben wir vier Hauptkategorien kennengelernt, die jeweils zwei bis vier Unterkategorien hervorbrachten. Die Unterkategorien zum „Anfangen" sind: Training, Systemwandel, Beteiligung und Ressourcen.

Schritt 4

Bei der Erstellung des abschließenden Berichtes ist darauf zu achten, daß alle in Beziehung zueinander stehenden Kommentare unter dem richtigen Gliederungspunkt subsumiert werden. Doppeltes Auflisten sollte vermieden werden. Die CSM-Technik hat sich in zahlreichen Beratungs- und Trainingsprojekten bewährt, die sowohl in Wirtschaftsunternehmen als auch beim öffentlichen Dienst durchgeführt wurden. Sie kann z.B. wirkungsvoll für eine visuelle Form der Einstiegspräsentation eingesetzt werden, bei der die Teilnehmer zur Bearbeitung der vorgestellten Ideen angehalten werden.

Zusammenfassung der Schritte

1. Der Gruppenleiter (Moderator) stellt das Ziel mit einem fokussierten Statement vor.
2. Die Teilnehmer schreiben ihre Ideen zur Zielsetzung auf jeweils ein Kärtchen.
3. Der Gruppenleiter (Moderator) führt die Reduzierung der Daten durch.
4. Die Struktur und das Layout für den Endbericht wird festgelegt.
5. Der abschließende Bericht wird erstellt. Er enthält alle relevanten Ideen und Erklärungen von den Karten, die übersichtlich in Kategorien und Unterkategeorien geordnet sind.

7.2.9 Delphi-Technik

Der traditionelle Delphi-Prozeß wird häufig bei der Entwicklung von Vorausschauszenarien eingesetzt. Hierbei werden Alternativen auf ähnliche Weise erarbeitet wie bei individuellen Formen des Brainstormings [21]. Bei der Delphi-Technik wird ein Fragebogen, der auf gewissen Wahrnehmungen einer Situation basiert, an entsprechende Experten zum Thema verteilt oder verschickt. Die individuellen Reaktionen werden gesammelt, gesichtet und anschließend zusammengefaßt. Die erstellten Zusammenfassungen werden den Experten mit dem Hinweis zugestellt, die eingegangene Reaktion - falls dies nötig sein sollte - zu revidieren. Dieser Prozeß wird solange fortgeführt, bis ein Konsens erreicht wird. Sollten die Reaktionen bestimmter Teilnehmer erheblich von anderen abweichen, wird der Teilnehmer dazu aufgefordert, seinen polarisierenden

Standpunkt zu begründen. Diese Begründungen werden ebenfalls zusammengefaßt und den anderen Teilnehmern zugestellt.

Die Delphi-Technik ist dann besonders nützlich, wenn die Trennung individueller Ideen sinnvoll ist. Viele Situationen erfordern das Zusammenfassen der unterschiedlichsten Ideen, Erfahrungen und Erkenntnisse der verschiedensten Experten in einem Bericht. Tausende dieser Delphi-Studien sind zwischenzeitlich erstellt worden. So wurde diese Technik z.B. genutzt, um die zehn wichtigsten Kernfragen der 90er Jahre zum Management der Humanressourcen zu identifizieren [22].

Die Delphi-Technik eignet sich hervorragend zum Ideen-Pooling von geographisch weit voneinander entfernt lebenden Experten. Alle Teilnehmer haben die gleiche Chance, einen Beitrag zu liefern. Die Ideen werden nach ihrem Wert und nicht nach ihrer Herkunft gewichtet. Außerdem verhindert es eine unproportionale Einflußnahme durch eher dominierende Personen in der Gruppe.

Nachteilig ist die Tatsache, daß die Delphi-Technik sehr zeitaufwendig ist. Außerdem stellt sie hohe Anforderungen an die Motivation der Teilnehmer - diese gilt es über einen langen Zeitraum aufrecht zu erhalten. Es fehlt die Spontanietät der Brainstormingatmosphäre und die Chance zum sprachlichen Austausch. Der Erfolg der Technik hängt wesentlich von den folgenden Fähigkeiten des Koordinators ab:

- Zielgerechte Ableitung eines kreativen Nutzen aus den Ergebnissen;
- Entwicklung einer kreativitätsfördernden Atmosphäre der teilnehmenden Experten;
- Erstellung eines bedarfsgerechten Fragebogens.

Zusammenfassung der Schritte

1. Planungsexperten erstellen einen Fragebogen, der auf Beobachtungen einer bestimmten Situation basiert.
2. Der Fragebogen wird an eine Gruppe von Experten verteilt; diese beantworten die gestellten Fragen.
3. Die einzelnen Reaktionen (Antworten) werden gesammelt, gesichtet und zusammengefaßt.

4. Die Zusammenfassungen werden wiederum an die Experten verschickt; eine erneute Reaktion wird erwartet.
5. Der Prozeß wird solange fortgeführt, bis eine Konsensbildung stattfindet.

7.2.10 Exkursionstechnik

Die Exkursionstechnik kommt überwiegend dann zur Anwendung, wenn die Gruppe mit anderen kreativen Prozessen wie Brainstorming oder Storyboarding keine Lösung des Problems erarbeitet hat. Sie kann sowohl für eng spezifizierte als auch für komplexe Problemsituationen herangezogen werden. Häufig werden bei genau spezifizierten Problemen, bei denen ein konzeptioneller Durchbruch erwartet wird, die besten Ergebnisse erreicht.

Der Prozeß

Vier grundlegende Schritte kennzeichnen die wesentlichen Inhalte der Exkursionstechnik:

- die Exkursion;
- die Erstellung der Analogien zwischen dem Problem und den Erlebnissen in der Exkursion;
- das Analysieren dieser Analogien, um kreative Lösungsansätze zu entdecken;
- die erworbene Erfahrung mit der Gruppe teilen.

a. Die Exkursion

Der Gruppenleiter fordert alle Teilnehmer dazu auf, eine gedankliche Exkursion durch imaginäre oder reale Welten vorzunehmen. Der Schauplatz der Exkursion darf nichts mit dem zur Diskussion anstehenden Problem zu tun haben. In der Regel schließen die Teilnehmer ihre Augen und lassen sich von ihrer Phantasie mit auf die Reise nehmen. Es kann sich hierbei um ein Museum, einen Dschungel, eine Stadt oder einen anderen, eingebildeten oder realen, Schauplatz handeln. Das Beispiel einer

Star-Trek-Reise durch das Universum zu unbekannten Planeten ist ein allerorten beliebtes Thema [23]. Der Erfolg hängt in dieser Phase von der Fähigkeit der Teilnehmer ab, sich zu entspannen und gehenzulassen, um visuelle Vorstellungen auf sich wirken zu lassen. Sollte der Gruppenleiter der Meinung sein, daß bestimmte Teilnehmer diese Fähigkeit nur unzureichend beherrschen, kann er den betreffenden Personen eine kurze Anleitung geben.

Die Teilnehmer werden dazu angehalten, das während der Exkursion Gesehene niederzuschreiben. Die detaillierte Beschreibung des Gesehenen ist wichtiger als eine zeitlich ausufernde Phantasiereise. Die Dauer der Übung sollte ca. 5 - 10 Minuten betragen. Die erste Spalte eines vorbereiteten Arbeitsblattes dient dem Eintrag des während der Exkursion Gesehenen.

b. Analogien herstellen

Nach der Exkursionsperiode fordert der Gruppenleiter die Teilnehmer auf, Analogien zwischen dem Gesehenen und dem eigentlichen Problem zu entwickeln. Die Gruppenmitglieder sind nicht an die Stilform der Analogie gebunden; auch andere Möglichkeiten der Erklärung evtl. Zusammenhänge sind willkommen. Die Analogien und andere Zusammenhänge werden in der zweiten Spalte des Arbeitsblattes festgehalten.

c. Verstehen und Auswertung

Diese Phase dient der Erklärung und Auswertung der zuvor entdeckten Zusammenhänge. Genauer gesagt, wie kann der entdeckte Zusammenhang zur Lösung des anstehenden Problems beitragen? Dieser Abschnitt ist die eigentliche Herausforderung dieser Technik: Er erfordert Intuition, Detailwissen und etwas Glück. Die Teilnehmer schreiben ihre Lösungsvorschläge in die dritte Spalte.

d. Erfahrungen austauschen

Die Teilnehmer sollten jetzt die erlebten Exkursionen, die entwickelten Analogien, Erkenntnisse und Lösungsvorschläge mit der Gruppe teilen. Ähnlich wie beim Brainstorming kann nun ebenfalls auf den Ideen der anderen aufgebaut werden.

Beobachtungen zur Exkursionstechnik

Die Exkursionstechnik erweist sich besonders bei schwierigen Problemen als besonders nützlich. Wenn ungewöhnliche Lösungen für Werbekampagnen oder einzigartige Produkte für saturierte Märkte gefordert werden, findet diese Technik ihren Einsatz. Ein emphatischer Gruppenleiter schafft es mit großem Fingerspitzengefühl die Phantasiekräfte der Teilnehmer zu entfesseln. Er kann Ihnen die Angst vor dem Fliegen nehmen und motiviert Sie, Ihre Erfahrungen mit anderen zu teilen. Wenn der Prozeß gut erklärt und verstanden ist, steigt die Motivation zur konstruktiven Kreativität bei den Teilnehmern, und erfolgreiche Problemlösungen werden deshalb entwickelt.

Zusammenfassung der Schritte

1. Der Gruppenleiter fordert alle Teilnehmer dazu auf, eine gedankliche Exkursion in oder durch einen weltlichen Schauplatz vorzunehmen. Dieser Schauplatz darf nichts mit dem zur Diskussion anstehenden Problem zu tun haben.

2. Die Teilnehmer erstellen Analogien zwischen dem Gesehenen und dem Problem.
3. Was tragen die erstellten Analogien zur Lösung des anstehenden Problemes bei?
4. Die Teilnehmer tauschen ihre Erfahrungen und Lösungen aus.

7.2.11 Galeriemethode

Diese KPL-Technik wurde vom Batelle Institut in Frankfurt entwickelt. Jeder Teilnehmer in der Gruppe baut eine Ideengalerie auf. Statt die Ideen auszutauschen, wechseln hier die Ideenentwickler ihre Plätze. Der Name „Galeriemethode"entstand, weil jedes Mitglied einen unterschiedlichen Arbeitsbereich zur Gestaltung einer Galerie erhält, die später von anderen Teilnehmern betrachtet wird [24]. Die Ideen werden auf Flip-Charts oder weißen Wandtafeln ausgestellt.

Nach ca. 30 minütiger Ideenentwicklung beginnen die Teilnehmer ihre Besichtigungstour durch die anderen Galerien, um sich jeweils fünf Minuten lang Notizen zu machen. Der Name des Galerieerbauers bleibt dabei unbekannt. Nach dem Rundgang durch alle Galerien kehren die Teilnehmer zu ihrer eigenen zurück und nehmen mögliche Ergänzungen und Änderungen vor. Die Zusammenfassung der Ideen erfolgt später.

Eine interessante Abwandlung dieser Technik erlaubt den Teilnehmern ihre Ideen in den Präsentationen der verschiedenen Galerien zu integrieren. Diese Variation hat den Namen „Idee-Galerie" erhalten [25].

7.2.12 Gordon/Little-Technik

Diese von W. Gordon (Mitarbeiter der Unternehmensberatung Arthur D. Little) entwickelte Technik wendet sich vor allem an die Personen, die Probleme im Umgang mit abstrakten Konzepten haben.

Der Gruppenleiter beschreibt das Problem anhand rückläufiger Stufen der Abstraktion. Mögliche Lösungen werden auf jeder Ebene angeboten. Sobald im Verlauf des Prozesses die Beschreibungen konkreter und weniger abstrakt werden, entwickeln sich auch spezifischere Lösungen. Diese müssen jedoch nicht automatisch die besseren sein. Aus diesem Grunde werden auch die Lösungen der vorangegangenen Phasen genutzt, um darauf aufbauend, neue Ansätze zu entfalten.

Das Beispiel „Personalabbau" soll die Vorgehensweise der Technik veranschaulichen: auf der ersten Stufe lautet die Frage: „Wie können wir mehr Geld verdienen?" Die zweite Stufe fragt schon konkreter: „Wie können wir unsere Kosten verringern?" Die letzte Stufe macht die eigentliche Intention deutlich: „Wie können wir Personalkosten einsparen?"

7.2.13 Systemunterstützte Gruppenentscheidungen

In der Regel handelt es sich hier um eine Kombination von Soft- oder Hardwaresystemen, die die Gruppen bei einer besseren Entscheidungsfindung unterstützen sollen. Oft sind es gerade diese Werkzeuge, die die kreative Zusammenarbeit der Gruppe immens stärken.

So kann z.B. die Brainstormingaktivität durch bestimmte Hardwarefeatures wie Videoprojektions-Wände oder individuelle Computer, die auf ihrem Display jeden individuellen Input für alle Teilnehmer gleichzeitig anzeigen, erheblich gesteigert werden [26].

Das von der Firma Inspiration Software Inc. vertriebene Programm mit dem gleichlautenden Namen „Inspiration" erfreut sich auch im deutschsprachigen Raum steigender Beliebtheit. Diese Software, die mit dem Untertitel „The easiest Way to Brainstorm, Diagramm & Write" antritt, hat sich darauf spezialisiert, die Spontanität eines Brainstormings zu fördern. Der Befehl „rapid fire" ermöglicht eine äußerst schnelle Umsetzung der gelieferten Beiträge in graphische Formen, die für alle Teilnehmer in kürzester Zeit einsehbar sind [27].

„Wilson Learning Systems" bietet Ihnen ein hochentwickeltes Softwarepaket zum Auswählen der Brainstormingideen an. Die Teilnehmer werden schnell und zuverlässig mit leicht verständlichen Graphiken über den Stand der einzelnen Aspekte im Projekt informiert. Am Zentrum für „Management of Information" der University of Arizona bietet eine fortschrittliche Hardware den Gruppen eine befähigende Unterstützung im kreativen Prozeß. Diese Universität stellt zwei Multimediaräume speziell für elektronisches Brainstorming zur Verfügung. In diesen Räumen können Großleinwand-Displays zusammen mit individuellen oder partnerorientierten Arbeitsplätzen genutzt werden. Die Teilnehmer der Brainstormingphase können dank ihrer Vernetzung Ideen mit anderen austauschen und teilen, ohne sich selbst zu identifizieren. Die hochentwickelte Software ermöglicht das Abspeichern und das Auswählen der entwickelten Ideen. Zu diesem Zweck werden die Ergebnisse für alle Teilnehmer gleichzeitig auf großen Video-Displays unmißverständlich sichtbar gemacht.

7.2.14 Ideen-Tafel

Die Ideen-Tafel-Methode nutzt einen kontinuierlich laufenden Problemlösungsprozeß. Dabei können die Teilnehmer zu einem auf einer Tafel festgehaltenen Problem ihre eigenen Gedanken in Form von Notizblättern einbringen. Diese Methode gehört bei vielen Firmen schon zum Alltag [28]. Die Teilnehmer können die vorhandenen Karten auch umordnen, Kapitelüberschriften eintragen oder durch spontane Gruppendiskussionen zur Weiterentwicklung der geäußerten Ideen beitragen. Eine Person ist verantwortlich für die organisatorische Gestaltung der Ideen-Tafel. Die eingebrachten Ideen werden gesammelt und systematisiert. Anschließend werden sie wieder an die beteiligten Personen als Zusammenfassungen verteilt.

Diese Technik stellt eine gute Möglichkeit dar, um alle Mitarbeiter in die Ideenentwicklung zu integrieren. Die damit einhergehende Herausbildung eines inneren und ehrlichen Bezuges zur Weiterentwicklung des Produktes/Problemes kann sich nur positiv auf die Unternehmensleistung auswirken.

7.2.15 Ideenauslöser

Kreativitätsanregungen und Ideenauslöser sind für den KPL-Prozeß extrem nützlich. Deshalb geben Sie den Teilnehmern doch gelegentlich eine materielle Basis, um darauf aufbauend kreative Problemlösungen zu entwickeln. Gemeint sind hiermit greifbare, handfeste Geräte, die von den Teilnehmern während ihrer Arbeit ständig „bearbeitet" werden. Die konkrete Auseinandersetzung mit der physischen Gestalt des Gegenstandes kann die eine oder andere kreative Problemlösung auslösen.

7.2.16 Innovationskomitee

Bei dieser Technik treffen sich Manager, Technologen und andere Mitarbeitern periodisch, um Probleme zu lösen. Die Mitarbeiter tragen ihr Angebot vor, um bei einer Aktivität als Koordinator zu wirken. Dahinter steht die Idee, daß ein so entstandener und realisierungsfähiger Vorschlag den Mitarbeiter motiviert und noch engagierter zum Projekt beitragen läßt. Je motivierter und verantwor-

tungsbereiter der Mitarbeiter ist, umso höher wird die Gesamt-
leistung des Unternehmens ausfallen.

7.2.17 Unternehmensübergreifende Innovationsgruppen

Bei dieser KPL-Technik treffen sich mehrere Manager unterschiedlicher Unternehmen unter der Leitung eines Innovationsberaters in
interdisziplinärer Atmosphäre, um so Probleme zu lösen [29]. Andere Aktivitäten der Gruppe richten sich u.a. auf die Veranstaltung
von Seminaren, Studienreisen und die Erstellung von Prognosen.
Diese Art der Gruppenarbeit, die vor allem in Norwegen und Däne-
mark sehr verbreitet ist, wird auch im restlichen Europa und in den
Vereinigten Staaten immer beliebter.

7.2.18 Die Höhle des Löwen

Diese gruppenorientierte KPL-Technik teilt die Teilnehmer zunächst
in zwei Gruppen auf: „Die Lämmer und die Löwen" [30]. Zu
Beginn der Sitzung präsentiert die ernannte Arbeitsgruppe (die
Lämmer) den anderen (den Löwen) ein Problem. Innerhalb der
Gruppe werden die Rollen (Lämmer und Löwen) regelmäßig
vertauscht. Die Vortragenden haben eine Woche Zeit, um eine Pro-
blemstellungnahme („Wie können wir ...") zu erarbeiten, welches

auch bildlich dargestellt wird. Die „Löwen" haben das Recht, das ausgewählte Problem als zu belanglos zu bezeichnen. Daraufhin haben die „Lämmer" nochmals eine Woche Zeit, das Problem besser zu definieren. Die „Lämmer" erhalten schließlich fünf Minuten, um ihre Lösungen vorzuschlagen. Die „Löwen" bieten dann ihr Feedback, Lösungsansätze, Ableitungen und Ergänzungen usw. innerhalb der folgenden 20 Minuten an.

7.2.19 „Lotusblüten-Technik" (Matsumura Yasuo)

Die von Matsumura Yasuo entwickelte Technik verdankt ihre Entdeckung einer Kombination der natürlichen Schönheit einer Lotusblüte und künstlich erzeugter Muster. Matsumura zeichnete seine Ideen auf ein Lotusblütenmuster. Dieses Muster hatte auffallende Ähnlichkeit mit dem „Spreadsheed" des Tabellenkalkulationsprogrammes Lotus 1.2.3. [31]. Die Blütenblätter (Muster) breiten sich vom Zentrum (Blütenstempel) etwa gleichmäßig nach allen Seiten hin aus.

Jeder Eintrag auf einem Blütenblatt kann wiederum den Ausgangspunkt für eine weitere Entfaltung einer Idee (Blüte) bilden. So kann ein zentrales Thema genutzt werden, um unterschiedlichste Ideen in umliegenden Blütenmustern entstehen zu lassen. Diese können wiederum die zentrale Idee für andere sein. Der Prozeß läuft in folgenden Schritten ab:

1. Ein zentrales Thema wird in die Mitte des MY-Lotusblüten-Diagramms geschrieben (vgl. hierzu die nachfolgende Graphik).
2. Die Teilnehmer werden dann aufgefordert, in Beziehung stehende Ideen oder Lösungen zu entwickeln und diese im direkten Umfeld des zentralen Themas anzusiedeln (in der folgenden Graphik als A-H bezeichnet).
3. Diese neu entwickelten Ideen bilden die Basis für die Entwicklung neuer Lotusblüten-Diagramme; so hat z.B. A wiederum acht Felder, die acht neue Gedanken aufnehmen können.

Die Lotusblüten-Technik steht in Harmonie mit der japanischen Kultur. Diese Technik eignet sich besonders zu Produkt- und Prozeßableitungen (Verbesserungen). Der niemals endende Verbesserungsprozeß ist ein wichtiger Erfolgsfaktor in der japanischen

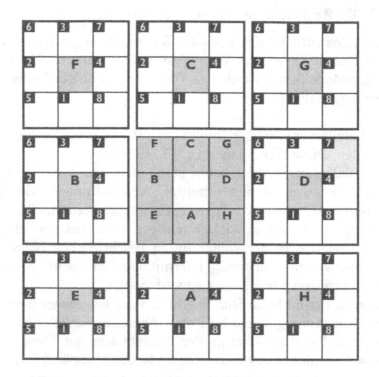

Abb. 7.5. Ein typisches „Lotusblüten"-Diagramm

Geschichte. Diese Technik kombiniert den freien Fluß der Gedanken des Mind Mappings mit der Struktur des weiter unten beschriebenen Storyboardings.

Zusammenfassung der Schritte

1. Das zentrale Thema oder Problem wird in das Zentrum des MY-Lotusblüten-Diagramms geschrieben.
2. In einer Brainstorming-Sitzung entwickeln die Teilnehmer Ideen oder Lösungen. Diese werden dann auf den acht angrenzenden Feldern angesiedelt.
3. Jede dieser acht Ideen wird zum Zentrum einer neuen Lotusblüte.
4. Die Teilnehmer entwickeln jetzt wiederum verwandte Ideen und Lösungsvorschläge für die acht neuen Ideenfelder.
5. Weitere Iterationen können jetzt erfolgen.
6. Die entstehenden Resultate werden diskutiert und ausgewertet.

7.2.20 Die Brainstorming-Technik von Mitsubishi

Sadami Aoki entwickelte diese KPL-Technik bei sogenannten „Mitsubishi-Resin". Es stellt eine Alternative zur traditionellen Brainstormtechnik der westlichen Welt dar. Die folgenden Schritte werden eingehalten:

1. Die Teilnehmer schreiben ihre Ideen auf, bevor sie diese anderen mitteilen. Diese Phase dauert ca. 15 Minuten.
2. Jeder Teilnehmer wird gebeten, seine Ideen laut vorzulesen. Die Teilnehmer werden nun ermutigt, Abwandlungen oder neue Lösungen zu den laut vorgelesenen Ideen aufzuschreiben. Das laute Vorlesen der entwickelten Ideen wird aus den gleichen Gründen auch in der weiter unten beschriebenen Nominalen Gruppentechnik eingesetzt. Hiermit wird versucht die Dominanz aggressiver Teilnehmer zu verhindern.
3. Während der nächsten Stunde erklären die Teilnehmer ihre Ideen den Gruppenmitgliedern im Detail. Der Gruppenleiter baut eine Karte mit Ideen auf einer großen Schreibfläche auf. Diese Vorgehensweise führt einerseits zu einem visuellen Verständnis der präsentierten Ideen, andererseits aber auch zu mehr Transparenz hinsichtlich möglicher Verknüpfungen unter den Ideen. Da die Japaner stark visuell ausgerichtete Menschen sind, können sie auf diese Weise ihre Kreativität erheblich steigern. Dies hat eindeutig zur Kommerzialisierung der japanischen Innovationen beigetragen.
4. Mit der sich anschließenden Analyse der erfolgten Eingaben geht eine dem kulturellen Umfeld adäquate Berücksichtigung derselben einher. In Japan werden die Anmerkungen so vorgetragen, daß jeder Teilnehmer sein Gesicht wahren kann.

Zusammenfassung der Schritte:

1. Das Problem oder die Herausforderung wird definiert.
2. Die Teilnehmer schreiben ihre Ideen oder Lösungsansätze nieder.
3. Die Teilnehmer lesen ihre Ideen laut vor.
4. Die Teilnehmer, die keine oder nur wenige neue Ideen haben, können Ideen vortragen, die auf anderen aufbauen.
5. Die Ideen werden verbal im Detail erklärt.
6. Ein Ideenkarte wird vom Moderator gezeichnet.

7. Die Ideen werden so diskutiert und ausgewertet, daß niemand sein Gesicht verliert.

7.2.21 Morphologische Analyse (Konfrontationstechnik)

Diese KPL-Technik wurde von Fritz Zwicky entwickelt. Wie aus der folgenden Abb. 7.6 hervorgeht, verwendet sie eine Matrix als Grundlage. Auf der vertikalen Achse ist eine Checkliste möglicher Attribute des Produktes angesiedelt. Auf der horizontalen Achse finden wir eine andere Checkliste, die Hinweise zu verschiedenen Modifikationen enthält. Der Zweck dieser Technik besteht in der Entwicklung neuer Ideen aufgrund der direkten Konfrontation verschiedener Aspekte aus beiden Gruppen. Es sind solche Faktoren auszuwählen, die augenscheinlich zu einer neuen Sicht der Problemlage beitragen. Bei Anwendung einer dreidimensionalen Matrix kann auch noch eine weitere Faktorengruppe hinzukommen.

Der Vorteil der morphologischen Analyse besteht darin, daß innerhalb kürzester Zeit relativ viele Ideen entwickelt werden. Eine 10x10-Matrix faßt insgesamt 100 Ideen; eine 10x10x10-Matrix schon 1000. Der Prozeß wird in der Regel innerhalb einer Gruppe angewendet, aber er wurde auch von einzelnen erfolgreich eingesetzt, die Ihre Ergebnisse später über einen Gruppenleiter in einen Ideenpool einarbeiten lassen.

Zusammenfassung der Schritte:

1. Das zu verändernde Produkt oder der Prozeß wird ausgewählt.
2. Eine zwei- oder dreidimensionale Matrix wird erstellt. Die eine Achse enthält Charakteristika oder Attribute des Produktes - die andere Achse enthält Hinweise zu möglichen Modifikationen. Eine dritte Achse kann Ergänzungen, Charakteristika oder andere Faktoren enthalten.
3. Die wandelorientierten Worte werden in bezug auf die Charakteristiken des Objektes ausgerichtet.
4. Die Resultate werden diskutiert und bewertet.

Attributionale Morphologie

Hierbei sind beide Achsen durch Attribute des ausgewählten Objektes oder Problemes besetzt. Die daraus resultierenden Zellen zeigen besondere Verbindungen zwischen den verschiedenen Attributen auf. Diese Technik kann auf drei Achsen ausgebaut werden. Es ist

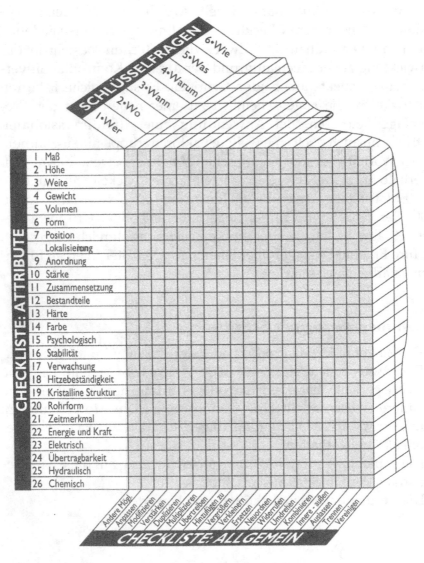

Abb. 7.6. Morphologische Analyse

das Ziel, mit Kombinationen der Attribute viele und ganz neue Ideen entstehen zu lassen. Wie bei vielen anderen Techniken richtet sich das Augenmerk zuerst auf die Quantität, und erst später wird die Qualität gesichert. Nach der Ideenentwicklung wird das Resultat untersucht und bewertet.

7.2.22 NHK-Methode

Die NHK-Methode wurde von Hiroshi Takahashi nach jahrelangem Training von Produktmanagern der Rundfunkgesellschaft NHK entwickelt [32]. Der Prozeß dieser Technik ist verhältnismäßig langatmig. Analog zum Umrühren mit einem Schneebesen werden die Ideen immer wieder gemischt und getrennt. Auf diese Weise entstehen wiederholt neue Ideen. Die folgende Zusammenfassung kennzeichnet die wesentlichen Schritte der NHK-Technik.

Zusammenfassung der Schritte:

1. Als Stellungnahme zu einer vorgetragenen Problemsituation schreiben die Teilnehmer fünf Ideen auf verschiedene Karten.
2. Die Teilnehmer treffen sich in Fünfergruppen. Jede Person erklärt die von ihr entwickelten Ideen. Die anderen Gruppenmitglieder schreiben die während des Vortrages bei ihnen entstehenden neuen Gedanken auf zusätzliche Karten.
3. Die Karten werden eingesammelt und nach thematischen Schwerpunkten sortiert.
4. Neu gebildete Zweier- oder Dreiergruppen bearbeiten eine oder mehrere der neu erstellten Karten im Rahmen eines Brainstormings. Diese Phase, in der neue Ideen aufbauend auf vorhandenen entwickelt werden, sollte ca. 30 Minuten dauern. Auch die neuen Ideen werden wieder auf Karten geschrieben.
5. Am Ende dieser Sitzung verbinden die Gruppen die Karten anhand der thematischen Ausrichtung. Die Ideen werden dem Rest der Gruppe vorgestellt. Alle geäußerten Ideen werden vom Gruppenleiter auf einer großen Schreibfläche festgehalten.
6. Die Teilnehmer formen Zehnergruppen, in denen zu allen auf der Schreibfläche vorhandenen Vorschläge ein Brainstorming durchgeführt wird.

7.2.23 Nominale Gruppentechnik

Um Ideen zu entwickeln, setzt die nominale Gruppentechnik (NGT) einen strukturierten Kleingruppenprozeß ein [33]. Diese Technik eignet sich hervorragend dazu, den Einfluß einer dominanten Persönlichkeit im Ideenentwicklungsprozeß zu mindern. Hierbei spielt es keine Rolle, ob die angestrebte Dominanz eher formalen oder individuellen Charakter hat. Die NG-Technik löst diese Aufgabe einerseits dadurch, daß nur zeitbegrenzte und kurze Erklärungen abgegeben werden dürfen. Andererseits sorgt eine am Ende der Sitzung stattfindende geheime Abstimmung für die Berücksichtigung aller Lösungsansätze. Die Effektivität der Technik wird durch die Verpflichtung aller zu den getroffenen Entscheidungen gesichert.

Als ein gruppenorientierter Entscheidungsprozeß ist die nominale Gruppentechnik bei folgenden Situationen besonders hilfreich:

1. bei der Identifizierung der kritischen Variablen in einer speziellen Problemsituation;
2. bei der Identifizierung der Schlüsselelemente eines Programmes zur Implementierung bestimmter Lösungsansätze;
3. bei der Festlegung von Prioritäten unter Berücksichtigung der angesprochenen Probleme, der zu erreichenden Ziele und gewünschten Ergebnisse.

Der Gruppenleiter ist hier zugleich der Schriftführer, der die von den Gruppen (6-12 Personen) vorgetragenen Ideen auf einer großen

Schreibfläche für alle Teilnehmer sichtbar und verständlich proto-kolliert. Der Entscheidungsprozeß der nominalen Gruppentechnik besteht aus vier deutlich voneinaner getrennten Schritten.

Schritt 1: Die Entwicklung der Ideen

Der Gruppenleiter erläutert das anstehende Problem bzw. die sti-mulierende impulsgebende Fragestellung oder andere Schlüsselfak-toren. Er stellt dies auf einer weißen Tafel (White Board) dar. Die Teilnehmer haben nun ca. 5-10 Minuten, um eigene Vorschläge zu entwickeln und auf vorbereiteten Notizkarten festzuhalten. Diese reflektierende Phase umgeht den Druck der Anpassung zu Ideen dominierender Teilnehmer. Es entsteht trotzdem schnell ein Gefühl der Dazugehörigkeit und der gemeinsamen Verantwortung.

Schritt 2: Die Registrierung der Ideen

Der zweite Schritt dient vor allem der Sammlung und Registrierung der unter Schritt 1 entstandenen Ideen. Der Gruppenleiter fordert die Teilnehmer nacheinander dazu auf, ihre erste Idee vorzutragen - vorausgesetzt sie wurde noch nicht von anderen erwähnt. Dieser Prozeß wird solange fortgeführt, bis alle Ideenlisten ausgeschöpft sind. Die geäußerten Vorschläge werden vollzählig auf der Tafel dargestellt. Da jeder Teilnehmer pro Umlauf nur einen Vorschlag vorstellen darf, akzentuiert die Technik insbesondere die Gleich-wertigkeit der Vorschläge, was gleichzeitig die Begeisterung der Teilnehmer steigert. Außerdem werden die Ideen auf einer sachli-chen Ebene dargeboten und vor einer verfrühten Bewertung geschützt.

Schritt 3: Die Klassifizierung der Ideen

Die Ideen werden in derselben Reihenfolge diskutiert wie sie in Schritt 2 registriert wurden. Der Gruppenleiter klärt ab, ob zu den einzelnen Vorschlägen Verständnisschwierigkeiten vorliegen. Wenn alle Ideen klar verstanden sind, geht er zum nächsten Posten über. Eine zusätzliche Erklärung durch den Ideengestalter sollte in der Regel nicht mehr als eine Minute beanspruchen. Bei zeitaufwendigeren Nachfragen muß der Gruppenleiter darauf achten, daß dieses Feedback nicht dazu genutzt wird, die anderen Teilnehmer von der Idee zu überzeugen. Dieser Prozeß wird bis zum vollständigen Verständnis aller Ideen fortgesetzt. Der Zweck dieser Phase besteht nicht in der Einigung der Teilnehmer auf die besten Vorschläge, sondern nur darin, ein gemeinsames Verständnis zu schaffen über das, was die vorgeschlagenen Alternativen eigentlich fordern.

Schritt 4: Die Wahl der Lösungsideen

Die nominale Gruppentechnik läßt vielfach Listen von 20 bis zu 100 Ideen und mehr entstehen. Während der vierten Phase muß diese Liste auf die „besten" Lösungen reduziert werden. Diese Reduzierung wird normalerweise über das nachfolgende geheime Wahlverfahren herbeigeführt: Jeder Teilnehmer wird aufgefordert, die besten fünf Ideen auf eine Karteikarte zu schreiben. Der Gruppenleiter gibt anschließend die erreichte Punktzahl für die entsprechenden Ideen bekannt. Bei gleicher Punktzahl wird ein zweiter Wahlgang durchgeführt, um am Ende die „beste" Idee zu ermitteln.

Beobachtungen zu der Technik

Die nominale Gruppentechnik hat sich als eine erfolgreiche Möglichkeit bewährt, um in der Gruppenentscheidung die Beeinflußung durch dominierende Persönlichkeiten zu reduzieren. Vor allem eng spezifizierte Probleme sind für eine Bearbeitung mit dieser Technik geeignet. Komplexere und damit schwierigere Problemsituationen lassen sich eher durch interaktive Techniken, wie z.B. Storyboarding in den Griff bekommen.

Erfahrungen mit dem NGT-Prozeß

Besonders bei organisatorischen Problemen und strategischem Organisationswandel hat sich der Einsatz der NGT-Technik bewährt. Das organisatorische „Wir-Gefühl" und der dringend notwendige „Teamgeist" wurde durch den NGT-Prozeß nachhaltig gestärkt.

Variationen der Nomialen Gruppentechnik

Die weiterentwickelte Form der Nominalen Gruppentechnik vereint die weiter vorne geschilderte Delphi-Technik mit der herkömmlichen NG-Technik. Die Ideenvorschläge der Teilnehmer werden hierbei schon im voraus vorgelegt. Dies verhindert die mögliche Identifizierung der Idee mit der Person des Vortragenden [34].

Zusammenfassung der Schritte:

1. Das Problem wird definiert.
2. Die Teilnehmer erhalten eine vorgegebene Zeitspanne, um ihre Lösungen zum Problem niederzuschreiben.
3. Die Ideen werden in einer Rundumbefragung gesammelt; jeder Teilnehmer präsentiert pro Umlauf eine Lösung.
4. Der Prozeß wird solange durchgeführt, bis alle Ideen niedergeschrieben wurden.
5. Der Gruppenleiter befragt die Teilnehmer nach möglichen Verständnisschwierigkeiten hinsichtlich der vorgetragenen Problemlösungen; der Präsentator erhält etwa 30 Sekunden, um die Lösung zu erklären - aber nicht zu verkaufen.
6. Die Teilnehmer entscheiden durch geheime Abstimmung über den besten Vorschlag; in der Regel genügen zwei Wahlgänge.

7.2.24 Phillips-66-Methode (Diskussion 66)

Die Phillips-66-Methode unterteilt größere Gruppen in Sechsergruppen zuzüglich einem Gruppenleiter und einem Schriftführer. Die nun im kleinen Rahmen stattfindenden Brainstormingaktivitäten sind nach Meinung des Erfinders dieser Technik, Don Phillips, eher geeignet, die Teilnehmer zur intensiven Mitarbeit zu ermutigen. Große Gruppen oder das Design des Arbeitsraumes haben laut Phillips weitaus mehr Einfluß auf die Produktivität des Prozesses als bestimmte grundlegende Strukturmuster der Technik. Kleinere Gruppen beflügeln manche Teilnehmer eher zur Darstellung ihrer Idee als Großgruppen, in denen doch häufig eine Atmosphäre der Unterdrückung anders orientierter Gedanken spürbar ist.

Bei der Anwendung der Phillips-66-Methode konzentriert sich jede Kleingruppe auf die Bearbeitung eines klar definierten Problems. Die Teilnehmer versuchen die Entscheidung innerhalb von sechs Minuten zu treffen.

7.2.25 Foto-Exkursion

Statt vorbereitete Bilder als motivierenden Anreiz einzusetzen, werden die Teilnehmer hier gebeten, den Arbeitsraum zu verlassen. Ausgerüstet mit einer Polaroidkamera suchen sie spontan die nähere Umgebung nach möglichen Problemlösungsansätzen oder visuellen Metaphern ab. Nachdem sich die Gruppe wieder zusammengefunden hat, werden die Ideen ausgetauscht.

7.2.26 Pin-Karten-Technik

Diese vom Batelle Institut in Frankfurt entworfene Adaption der Brainwritingtechnik erlaubt die sehr schnelle Strukturierung der enwickelten Ideen [35]. Dieser KPL-Prozeß ähnelt der NHK- und der TKI-Technik.

Zusammenfassung der Schritte:

1. Eine Gruppe mit 5 bis 8 Personen sitzt an einem runden Tisch.
2. Jeder Teilnehmer schreibt seine Gedanken zu einem vorgegebenen Problem auf Karteikarten. Für jede Idee wird eine neue Karte verwendet. Hierbei benutzt jeder Teilnehmer eine andere Farbe.
3. Alle vervollständigten Karten werden dann in der gleichen Richtung an den Nachbarn weitergereicht.
4. Jeder Teilnehmer liest die Karten, die ihm oder ihr weitergegeben wurden. Die Karten, die ihm oder ihr lohnenswert erscheinen, werden zum nächsten Nachbarn weitergegeben. Die übrigen werden auf einen Stapel zur Seite gelegt.

5. Alle Karten, die den gesamten Umlauf überstanden haben, werden vom Moderator gesammelt.
6. Die Karten werden nach bestimmten Merkmalen klassifiziert und auf eine Pinwand geheftet.

Notiz: Die restlichen Schritte ähneln denen der NHK- und der TKI-Technik.

7.2.27 Szenario-„Writing"-Technik

Das Szenario-„Writing" verlangt neben einer gezielten Analyse vorhandener Informationen auch die Fähigkeit des Nachdenkens und des Beschreibens von Szenarien, die Aussagen über das zukünftige Unternehmenspotential machen. Ein wichtiger Teil dieser Übung beginnt mit der Identifizierung der Probleme und der Chancen, die als ein mögliches Resultat aus den verschiedenen Szenarien erwartet werden können. Der nächste Schritt beschäftigt sich dann mit der Lösung der Probleme und dem Nutzen, den man aus den sich bietenden Möglichkeiten erwarten kann. Experten sind überzeugt, daß Szenario-„Writing" zu vielen attraktiven Lösungsmöglichkeiten führen kann.

Das Szenario-„Writing" ist eine intellektuelle Technik, die viel Aufwand erfordert. Das sorgfältige Nachdenken über die zukünftigen Möglichkeiten ist die Kernidee der Technik. Diese Aufgabe schieben zu viele Manager immer wieder auf die lange Bank, obwohl es für den langfristigen Erfolg unentbehrlich ist.

Szenario-„Writing" kann zur Lösung der unterschiedlichsten Problemsituationen herangezogen werden. Häufig wird es angewandt, um alternative Strategien für mögliche zukünftige Bedingungen vorzubereiten. Die während der Szenarioplanung erarbeiteten vorausschauenden Überlegungen beinhalten die Analyse der internen und externen Umfeldbedingungen mit dem Ziel, Informationen über die erwarteten Stärken und Schwächen und die möglichen Chancen und Bedrohungen zu erhalten. Das Unternehmen ist zum einen daran interessiert, die eigenen Stärken auszubauen und bestimmte Schwachstellen zu überwinden. Zum anderen will man die sich bietenden Möglichkeiten nutzen und denkbare Bedrohungen umgehen oder lindern. Intern untersucht das Unternehmen Faktoren wie Technologie, Produktivität der Prozesse, Ressourcen, Fähigkeiten der Mitarbeiter und der Führung. Extern werden Fak-

Zusammenfassung von Musterszenarien (für Norwegen)

	Szenario A:	Szenario B:
Schilderung:	Die Zukunft der Nation wird von der Öl- & Gaswirtschaft dominiert	Belastung der Öl- & Gaswirtschaft, um die Wirtschaft des Landes zu rekonstruieren
Globale Wirtschaftsentwicklung	• Hartnäckige Wirtschaftsstrukturprobleme • OECD Wachstum: ca. 2 % • Inflation: Anfällige Wechselkurse	• Moderates Wachstum wenige Rekonstruktionserfolge • OECD Wachstum: ca. 2.5 % • Zyklische Inflations- und Wechselkursrate
Geopolitische Beziehungen	• Mehr Protektionismus • Langsamere Privatisierung • USA & EU-Spannungen vom Osten ausgenutzt	• Mehr globale Handelskooperation • Privatisierungsvorteil in OECD • Entspannung der Ost-West-Beziehung, mehr Handel
Energiemarktstrukturen	• Ölbedarfwachstum: + 1 % • Gasbedarfwachstum: + 2 % • OPEC dominiert mehr • Nordsee, Behringsee mehr Entwicklung • COMECON-Gas verfügbar	• Ölbedarfswachstum: + 1 % • Gasbedarfswachstum: + 2 % • Mehr OPEC Power in Nordsee- und Behringsee-Entwicklungen • Mehr COMECON-Gas
Öl- & Gas-Industriestrukturen	• Starke Post - 1990 Ausdehnung der Operationen	• Mehr strategische Allianzen • Stärkerer Druck nach unten
Nationale Wirtschaft	• Nationaler Wille: Unsicher • Wirtschaftsrekonstruktion: Wenige Erfolge, Petroliumsektor dominiert • GNP-Wachstum ca. 2.5 %	• Nationaler Wille: Moderat • Wirtschaftsrekonstruktion: Gleichgewicht zwischen Petrolium- und Nichtpetroliumsektor • GNP-Wachstum ca. 2.5 %
Technologischer Wandel	• Inkrementale Entwicklung: Zersplitterte Disziplinen • Norwegens F & E ca. 1.5 % des GNP mit Öl- & Gas-Prioritäten • Öl- & Gas-Technologien: Verbesserung und neue Reservenerschließung	• Prozeßbeschleunigung: Dizplinenintegration • Norwegens F&E ca. 2 % des GNP mit neuen Prioritäten • Öl- & Gastechnologien: Fokus auf Erschließung neuer Reserven

Szenario C:	Szenario D:

Die Nation kämpft in einer depressiven Welt

Die Nation wird aus der Ölabhängigkeit durch globale Rekonstruktion getrieben

• Ernsthafte wirtschaftliche Strukturprobleme und Protektionismus • OECD Wachstum: 1.5 % • Anfällige Inflation (etwas Deflation) und Wechselkurse	• Starkes Wachstum nach Rekonstruktion und Anpassungsjustierungen • OECD Wachstum: 3 % - 3.5 % • Relativ stabile Inflations- und Wechselkursraten
• Spannungsabfällige Welt: Nationalistisches/protektionistisches Wachstum • Regierungskontrolle Fokus • Schlechtere Ost-West-Beziehungen	• Stabile politische Beziehungen/Abkommen • Verbesserte Marktorientierungsgesetze • Comecon integriert sich besser ins globale Geschäft
• Ölbedarfswachstum: ca. 0 % • Gasbedarfswachstum: ca. 1 % • Überlebenskampf der OPEC • Behringsee-Entwicklungen verzögern sich • Weniger COMECON-Gas	• Oelbedarfswachstum: ca. 1 % • Gasbedarfswachstum: ca. 3 % • OPEC verliert ihre Macht und Zusammenhalt • Nordsee- und Beringsee-Entwicklungen werden verzögert
• Merger & Konsoldierungen multiplizieren sich • Staatliche Firmen werden von nationalen Gesetzen begünstigt	• Strategische Verschiebung von Öl zu Gas • Einige Privatisierungen der Unternehmen im staatlichen Besitz

• Unbehagen: Enttäuscht, geteilt
• Wirtschaftliche Rekonstruktion:
  a) Alle Sektoren haben Mühe
  b) Staatlich unterstützter Energiesektor
• GNP-Wachstum: 1 % - 1.5 %
	• Stark dynamischer nationaler Wille
	• Wirtschaftliche Rekonstruktion:
	  a) Viele erfolgreiche Initiativen
	  b) Gas ist wichtiger als Öl
	• GNP-Wachstum: 2.5 % - 3 %

• Gestoppte Entwicklungen: Restriktive protektionistische Regeln • Norwegens F & E Ausgabenreduzierung durch die Bank gleichbleibend für Öl & Gas • Fokus auf Öl- & Gastechnologien und auf Produktivitäts- und Kostenkontrolle	• Schneller Prozeß: Integration und globale Technologiediffusion • Norwegens F&E -Ausgaben: 2 % - 2.5 % a) Fokus auch für High-Tech • Öl- & Gastechnologien: Fokus auf Gaskonvertierung, künstliche Intelligenz

toren wie: Erwartete Wettbewerberaktivitäten, Wirtschaftsentwicklung und voraussehbare Trends im Verhalten der Kunden untersucht.

Um die Zukunft des Unternehmens zu bestimmen, werden drei bis fünf kritische Erfolgsfaktoren festgelegt. Die zu erstellenden Zukunftszenarien basieren auf mögliche Auswirkungen dieser Erfolgsfaktoren und etwa zehn Schlüsselaspekte wie z. B. voraussehbare Marktanteile, Kundenreaktionen, Kaufverhalten, wirtschaftliche Situation, sowie Trends in Forschung und Entwicklung. Jedes zu erstellende Szenario bezieht sich auf einen oder zwei der erwähnten Erfolgsfaktoren. Sollte sich z. B. die sich schnell wandelnde Technologie als ein besonders kritischer Faktor in der Entwicklung des Unternehmens herausstellen, so muß dies im Szenario gesondert berücksichtigt werden. Die möglichen Auswirkungen neuer Technologien auf das dazu erfoderliche Kompetenzprofil könnten dramatische Auswirkungen auf den Erfolg des Unternehmens haben.

Ricoh's Produktentwicklungsszenarien

Das japanische Unternehmen Ricoh ist einer der weltgrößten Büromaschinenhersteller. Das Unternehmen besitzt die höchsten Marktanteile mit Produkten wie Kopierer, Scanner und beschreibbaren optischen Speicherplatten. Ricoh's acht Forschungslabore genießen eine ungewöhnlich hohe strategische Unterstützung, da die Konzernleitung davon überzeugt ist, daß die Kreativität und die Innovation der Schlüssel zum zukünftigen Erfolg ist. Deshalb wird hier praktisch alles unternommen, um die Kreativität zu steigern. So findet man in diesem Unternehmensbereich nicht nur eine flexible Einteilung der Arbeitszeit, sondern auch spezielle Motivationssysteme. Zum Beispiel gibt es in der zentralen Forschungstätte eine gigantische Kommunikationsplaza mit einem großer Tisch in Form eines Baumes. Diese Einrichtung bietet vielfältige Anregungen und Möglichkeiten zum gemeinsamen Brainstorming und dem ständigen Informationsaustausch zu neuen Ideen.

Um markorientierte Forschung zu betreiben, untersuchen die Ricoh-Planer zukünftige Kundenbedürfnisse. Mit der Unterstützung dynamischer Computer-Modellierungen konnten verschiedene Szenarien für das „Büro-2000" entwickelt werden. In diesen Szenarien wurden schon sehr früh die Vernetzungsbedürfnisse zwischen Computer- und Kommunikationssystemen im Büro und im Heim genau vorausgesagt. Der Trend zu Multimedia- und Desktop-Publishing-Systemen wurde deutlich berücksichtigt: „Eines Morgens, Herr R. war gerade aufgestanden, setzte er sich auf sein Sofa, direkt gegenüber von seinem flachen Großbildschirm. Er begann damit, seinen Heimcomputer mit dem Büro zu verbinden ..." Aus dieser Arbeit und mit darauffolgenden Szenarien entwickelten seine Mitarbeiter regelmäßig zukunftsträchtige Produkte.

Die Forscher und Entwickler beginnen dort früh mit den strategischen Planern und interdisziplinären Projektteams zusammenzuarbeiten. Diese Vorgehensweise optimiert die marktgerechte Innovation und reduziert das Risiko.

Auch wenn Ihnen wenig Zeit für formelle und gründliche Szenarienentwicklung bleiben, so müssen Sie trotzdem nicht gänzlich auf dieses wichtige Instrument verzichten. Nehmen Sie sich Zeit zur Besinnung während der nächsten längeren Bahnfahrt, auf der Flugreise, beim Waldlauf oder auch während längerer Autobahnfahrten usw. und lassen Sie dabei Ihren visionären Gedanken freien Lauf. Sie können hierbei ähnlich wie bei der formellen Szenario-Planung vorgehen. Ihre kreativen Überlegungen werden hierbei allerdings seltener in riesigen Szenario-Planungsdokumente resultieren. Diese Art gedanklicher Reisen in die Zukunft basiert weniger auf formeller Forschung wie bei der ausführlichen Szenario-Planung.

Wir sollten nie vergessen, daß erfolgreiche Produkte und Prozesse alle mindestens zweimal entwickelt werden. Die erste Entwicklung findet auf den kreativen Gedankenreisen der visionären Personen statt. Mit den Disziplinen der Szenarien-Planung fällt es diesen Personen leichter, ihre Ideen zu innovativen Produkten den Mitarbeitern verständlich zu machen. Die zweite Entwicklung findet heute meistens in den Köpfen der Experten in interdisziplinären Projektteams statt. Die eigentliche Funktionsmuster- oder Prototypenentwicklung kann häufig als die dritte Phase betrachtet werden. Bevor mit der Nullserie oder der Serienfertigung begonnen wird, muß häufig eine vierte Entwicklungsphase durchgeführt werden. Jede Herausforderung oder Problemsituation, die sich mit der Zeit wandelt, kann somit von einer Szenarien-Planungsdisziplin profitieren.

aus: Okamoto, A.: „Creative and Innovate Research at RICOH". In: Long Range Planning, Oktober 1991, S. 13

Zusammenfassung der Schritte:

1. Das Problem wird definiert.
2. Identifizieren Sie drei bis fünf Erfolgsfaktoren und den damit verwandten Schlüsselaspekten, um die Zukunft des Unternehmens sicherer zu planen.
3. Bestimmen Sie die Auswirkungen dieser Erfolgsfaktoren auf die zehn Schlüsselaspekte.
4. Erstellen Sie jetzt Szenarien, die die Beziehungen zwischen den Erfolgsfaktoren und den Schlüsselaspekten deutlich berücksichtigen.
5. Erstellen Sie jetzt ein zusammenfassendes Szenario-Diagramm.
6. Die Entwicklung der Szenarien und die Reaktion auf die strategischen Ziele und Einschränkungen regen kreative Lösungen an.

7.2.28 SIL-Methode

Diese vom Batelle Institut in Frankfurt entwickelte Technik ähnelt in vielerlei Hinsicht anderen Versionen des Brainwritings. Primäres Anliegen dieser Technik ist die aufeinanderfolgende und erfolgreiche Integration verschiedener Elemente der Herausforderungen in einer grundlegenden Problembeschreibung.

Zusammenfassung der Schritte:

1. Jeder Teilnehmer entwickelt seine individuellen Ideen zu dem definierten Problem.
2. Zwei Gruppenmitglieder lesen ihre Ideen laut vor.
3. Die anderen Gruppenmitglieder versuchen diese beiden Ideen zu einer gemeinsamen Idee zu verbinden.
4. Ein anderer Teilnehmer trägt eine neue Idee vor. Wiederum versucht die Gruppe sie mit anderen Ideen zu verbinden.
5. Dieser Prozeß wird solange fortgeführt, bis eine brauchbare Lösung oder der vorgegebene Zeitraum ausgefüllt ist.

7.2.29 Storyboarding

Storyboarding ist eine strukturierte Übung, die im wesentlichen auf dem Brainstormingprinzip aufbaut [36]. Diese Technik ist sehr flexibel und kann leicht modifiziert werden. Sie kann in allen Phasen des Problemlösungsprozesses eingesetzt werden, ist aber insbesonders wertvoll in der Phase der Entwicklung und Selektierung von Alternativen. Im Unterschied zum Brainstorming, das vor allem bei einfachen Problemsituationen eingesetzt wird, eignet sich Storyboarding besonders zum Lösen komplexer Probleme. Es kann nicht nur beim Entwurf adäquater Problemlösungen helfen, sondern auch beim Definieren der verschiedenen Aspekte des Problemkomplexes nützlich sein. Für den Lösungsprozeß und besonders für die Problembeschreibung wird ein spezifisches Format zur Verfügung gestellt.

Hintergrund der Technik

Der Vorläufer der Storyboardtechnik wurde schon 1928 von Walt Disney und seinem Mitarbeiterstab entwickelt. Disney wollte schon damals eine vollständige Animation in seinen Trickfilmen (Cartoons) erreichen. Dies war bis zu diesem Zeitpunkt niemandem gelungen. Um dies zu schaffen, wurden unzählige Zeichnungen produziert, tausende mehr als es der damalige Stand der Technik verlangte. Deshalb wurden viermal so viele Rahmen pro Sekunde verwendet, um die gewünschte Qualität zu sichern. Dies gab Disney den entscheidenden Wettbewerbsvorteil.

Bald stapelten sich unzählige Zeichnungen im kleinen Studio. Es wurde praktisch unmöglich, den Überblick zum Stand der Projekte zu behalten. Aus diesem Chaos heraus wies Disney seine Künstler an, die erstellten Zeichnungen an den Wänden des Studios zu befestigen. Jeder konnte jetzt den erfolgreichen Stand des Projektes mit einem Blick erfassen. Diese Technik sparte dem Projektteam wertvolle Zeit, da weniger Koordinierungsgespräche nötigt waren und die Zeichnungen in der richtigen Reihenfolge befestigt wurden. Szenen konnten jetzt besser beurteilt werden. Die Geschichte (story) wurde auf einer Wandtafel (Storyboard) erzählt.

Als Mike Vance in den 60er Jahren Chef der Disney-Universität wurde, um die Mitarbeiterentwicklung voranzutreiben, brachte er neue Ideen ein. Während dieser Zeit wurde diese Technik (Storyboarding) verfeinert. Er und seine Mitarbeiter stellten fest, daß diese Technik neben den Erleichterungen bei Cartoonlayouts auch ein hervorragendes Problemlösungspotential besaß. Vance verließ Disney in den 70er Jahren, um sich ausschließlich als Berater für den Gebrauch des Storyboardings einzusetzen.

Ein Prozeßüberblick

Im Rahmen des Storyboardings wird die projekt- bzw. problemorientierte Arbeit so gestaltet, daß sowohl die eigenen als auch die Gedanken der anderen auf der Wandtafel erscheinen. Während man die Ideen auf dem Storyboard darstellt, entdeckt man bestimmte Beziehungen der verschiedenen Ideen zueinander. Es stärkt das ganzheitliche Verständnis zur Aufgabe.

Storyboarding folgt den grundlegenden Prozeßabläufen des Brainstormings. Es setzt ebenfalls einen Gruppenleiter und einen Schriftführer ein. Die Teilnehmer befolgen die vier Regeln des Brainstormings. Allerdings führt uns die „Storyboarding"-Technik noch einige Schritte weiter. Es kann wegen ihres gut strukturierten Prozesses zur Lösung weitaus komplexerer Probleme beitragen.

Storyboarding fordert ein hohes Maß an Mitarbeit und Motivation. Sowie der Ideenfluß eingesetzt hat, werden die Beteiligten von dem

Fluß der Ideen regelrecht mitgerissen. Es folgt ein Prozeß des ständigen Veränderns und des Ausschmückens schon vorhandener Ideen.

Ein Story Board zum Storyboarding

Ein Storyboard ist in Spalten aufgegliedert, die mit Hauptthemen („Major Elements") versehen sind. Thematische Schwerpunkte können besonders komplexe Probleme gut darstellen. Diese eindimensionale Ausrichtung wird jedoch in der Folgezeit zugunsten einer Vielzahl entstehender Überschriften und Untertiteln aufgegeben. Die Flexibilität des Storyboardings sorgt dafür, daß neu entstandene Untertitel auch zu sog. Überschriften aufsteigen können. Die folgenden Seiten beschreiben die wesentlichen Schritte des Storyboardings anhand eines ausgewählten Beispieles.

1. Schritt: Thematischer Schwerpunkt

Der erste Schritt des Storyboardings besteht in der Identifizierung des eigentlichen Diskussionsgegenstandes (Abb. 7.7). An der Spitze des Storyboards befindet sich entweder der im Mittelpunkt stehende Gesprächsinhalt oder das zur Lösung anstehende Problem. Um Ihr Verständnis zu dieser Technik zu vertiefen, heißt das Thema in unserem Beispiel „Storyboarding". Es könnte genauso gut ein Thema wie „unsere Produktdifferenzierung" sein.

2. Schritt: Zielrichtung/Zwecke

Die Herausarbeitung und schriftliche Fixierung der innerhalb des thematischen Schwerpunktes angesprochenen Zielrichtung/ Zweck stellt den zweiten Schritt des Prozesses dar. Diese Zielrichtung/ Zweck, deren Formulierung vor jeder weiteren Identifizierung von Untertiteln geleistet werden muß, gruppiert man als Gliederungspunkte unter dem Titel „Zielrichtung/Zweck". Im vorliegenden Beispiel haben wir es mit vier Zielrichtungen / Zwecken zu tun:

- effektivere Lösungen des Problems;
- Anhebung des Kreativitätsniveaus;
- effektivere Planung, Kommunikation- und Organisationsstruktur;
- Erhöhung motivierter Teilnahme der Mitarbeiter.

Alle Posten, die nicht in dem bereits erstellten Ordnungsraster Berücksichtigung finden, sind in der Spalte mit der Überschrift „Gemischtes" einzugliedern. Sie werden wie der Rest der Spalten einem Brainstorming unterzogen. Zu einem späteren Zeitpunkt können die hier angesiedelten Posten entweder anderen Rastern zugeordnet werden oder eigene Überschriften bilden. In unsererem Beispiel gibt es einen Eintrag in dieser Kategorie: „Gemischtes". Später werden andere hinzukommen.

3. Schritt: Identifizierung anderer Ideen

Die Identifizierung anderer Ideen, die in Form von neuen Überschriften in die verschiedenen Spalten übernommen werden, stellt den dritten Schritt im Prozeß des Storyboarding dar. Hierbei handelt es sich nicht um die weiter oben erwähnten Zielrichtungen oder andere, gemischte Ideen, sondern es geht nun um zentrale Fragestellungen und mögliche Lösungsvorschläge. Ein durchgeführtes Brainstorming zu dem hier ausgewählten Beispiel des Storyboardings brachte folgende Schwerpunkte zum Vorschein:

- Wesentlicher Anwendungsbereich des Storyboardings?
- Typen des Storyboardings?
- Sitzungstypen der einzelnen Storyboardvariationen?
- Das Projektteam?
- Materialbedarf des Storyboardings?
- Regeln für Kreativitätssitzungen?
- Regeln für analytische Sitzungen, die ihren Schwerpunkt auf den kritikorientierten Bereich legen?
- Die Rolle des Gruppenleiters?

Gelegentlich werden Sie sich die Frage stellen, ob eine Idee wichtig genug ist, um sie als Überschrift einzusetzen. Sollten Sie Zweifel haben, entscheiden Sie sich lieber für die Überschrift. Die Abänderung und Einordnung unter einer anderen Überschrift kann zu einem späteren Zeitpunkt immer noch erfolgen.

4. Schritt: Weitere Differenzierung zu schon entwickelten Ideen

Der letzte Schritt des Storyboardings besteht in der zunächst zu leistenden weiteren Ausdifferenzierung der erarbeiteten Ideen. Dies geschieht in einer neuerlichen Brainstormingaktivität. Nach Abschluß der kreativen Phasen kann man im Rahmen einer kritischen Bestandsanalyse dazu übergehen, Positionen der verschiedenen Ideen entweder zu verändern oder deren Pin-Karten völlig herauszunehmen.

Die folgenden Ausführungen beziehen sich auf die auf der letzten Ebene weiter ausdifferenzierten Ideen; ihre wesentlichen Inhalte werden vorgestellt. In dieser Darstellung wird eine zusätzliche Präzisierung der Storyboard-Idee integrierend vorgetragen. Diesem Anliegen fühlen sich auch die auf den nächsten Seiten angesiedelten Schaubilder (Abb. 7.9 und 7. 10, Schritt 1 bis Schritt 4) verpflichtet.

Wichtige Anwendungen des Storyboardings

Die praktische Anwendung des Storyboardings erstreckt sich vor allem über die folgenden zwei Bereiche:

- strategische Problemlösungen,
- operationale Problemlösungen.

Gegenwärtig können alle Probleme diesen beiden Bereichen zugeordnet werden. Wegen des beschleunigten Wandels bleibt häufig weniger Zeit zur Lösung strategischer Probleme. Diese Problemlösungsaktivität kann individuelle Gruppen- oder eine Organisationsorientierung darstellen.

Typen des Storyboardings

Es existieren vier grundsätzliche Typen des Storyboardings:
- Das Storyboard der Planung,
- das Storyboard der Ideenentwicklung,
- das Storyboard der Organisation,
- das Storyboard der Kommunikation.

a. Das Storyboard der Planung

Dies ist der erste Schritt des Storyboardings. Er umfaßt die Sammlung aller wichtigen Ideen, die möglicherweise die thematische Ausrichtung bzw. die Problemlösungen unterstützen können. Diese Phase stellt gleichsam das Konzept für die später folgenden Aktionen dar. Die Weiterentwicklung des Prozesses geschieht häufig von der hier im Mittelpunkt stehenden Planungstafel.

b. Das Storyboard der Ideen

Der zweite Schritt des Storyboardings stellt eine Ausweitung einiger auf der Planungstafel zusammengefaßter Ideen dar. So können z.B. Überschriften aus dem Planungs-Storyboard mit ihren Untertiteln in das Ideen-Storyboard übernommen werden; jeder dieser Untertitel könnte wiederum eine eigenständige Überschrift bilden. Nach dem sich anschließenden Brainstorming zu jedem Untertitel wird das Ideen-Storyboard abgeschlossen.

c. Das Storyboard der Organisation

Drei zu beantwortende Fragen stehen am Anfang des Storyboards zur Organsiation:

- Welche Aufgaben müssen erledigt werden?
- Wann müssen wir damit beginnen?
- Wer wird die Aufgaben erledigen?

Die in den beiden vorangegangenen Stufen entwickelten Zielsetzungen und Pläne werden nun in individuelle und gruppenorientierte Zielsetzungen und Pläne verwandelt. Nach Beendigung dieses Prozesses wird die hier gesammelte Information in einem umfassenden schriftlichen Format fixiert. Aus diesem Grunde ist es ratsam, ein sog. Storyboard für den Bereich der Organisation zu nutzen. Nach der Identifizierung entsprechender Problemlösungen und der Formulicrung wahrzunehmender Aufgaben wird ein Kommunikationsstoryboard eingesetzt, um die angesammelte Information mitzuteilen.

d. Das Storyboard der Kommunikation

Während dieser Phase werden die folgenden Fragen beantwortet:

- Wer muß es wissen?
- Was müssen sie wissen?
- Wann müssen sie es wissen?
- Welche Kommunikationsmedien müssen eingesetzt werden, um die Information ummißverständlich zu vermitteln?

Dieses Storyboard kann nach der Formulierung der wahrzunehmenden Aufgaben komplettiert werden. Vor dem Versuch einiger Moderatoren, schon in der kreativen Phase mit diesem Teil des Boards zu arbeiten, muß gewarnt werden. Bevor man über Ideen oder Aufgaben kommunizieren kann, müssen diese zunächst sorgfältig entwickelt werden.

Sie können Planungs- und Ideenstoryboards in allen kreativen Projekten einsetzen. Diese Phasen sind das Herz des Storyboard-Systems. Inwieweit Sie zur Organisations- und Kommunikationsstoryboards einsetzen, hängt vom Umfang und Charakter des Projekts ab. Die Größe des Unternehmens, die Anzahl der zu infor-

STORY BOARDING

Abb. 7.7. Schritt 1 des Storyboarding

STORY BOARDING

Zielrichtung/Zweck

Abb. 7.8. Schritt 2 des Storyboarding

Gemischte Ideen

STORY BOARDING				
Zielrichtung/ Zweck	Bedeutende Anwendungen	Typen des Storyboarding	Sitzungstypen des Storyboarding	Das Projekt-team
Effektivere Pro-blemlösung				
Erhöhung der Kreativität				
Verbesserte Planung und Kommunikat.				
Wachsende Beteiligung				

Abb. 7.9. Schritt 3 des Storyboarding

STORY BOARDING				
Zielrichtung/ Zweck	**Bedeutende Anwendungen**	**Typen des Storyboarding**	**Sitzungstypen des Storyboarding**	**Das Proje team**
Effektivere Problemlösung	Strategische Problemlösung	Planung	Kreatives Denken	5 bis 8
Erhöhung der Kreativität	Operationale Problemlösung	Ideen	Kritisches Denken	Zusammen setzung de Gruppe
Verbesserte Planung und Kommunikat.		Kommuni-kation (Wer, was, wann)		
Wachsende Beteiligung		Organisation (Wie, Auf-		

Abb. 7.10. Schritt 4 des Storyboarding

STORY BOARDING

n	Regeln für kreat.-geist.	Regeln für krit.-geist.	Rolle des Leiters	Gemischte Ideen

STORY BOARDING

n	Regeln für kreat.-geist.	Regeln für krit.-geist.	Rolle des Leiters	Gemischte Ideen
	Keine Kritik	Objektivität	Focus - Festlegung	Hintergrund: Disney/Vance
ben, r	Quantität statt Qualität	Kritikfähigkeit	Bestimmt Storyboard-Typ	Visuell
	Aufbauende Ideen	Ideen kritisieren, nicht Personen	Einleitung; überblickt Regeln	Flexibel
	Je motivierter, desto besser		Überschrift/ Untertitel	Gebrauch von Symbolen
	Schnell und einfach		Kreat. Denken leiten	
			Krit. Denken leiten	

mierenden Personen außerhalb des Projektteams und die Anzahl der mit der Implementierung des Projekts beauftragten Personen spielt bei der Wahl der Kommunikationsform eine Rolle.

Die Typen einer Storyboard-Sitzung

Es gibt zwei verschiedene Storyboardsitzungsformen:

- die kreative Sitzung;
- die analytische (kritikorientierte) Sitzung

Diese Sitzungstypen finden in allen vier Storyboardphasen (Planungs-, Ideen-, Organisations- und Kommunikationstypen) statt.

Regeln für eine Kreativitätssitzung

Für eine Kreativitätssitzung ist es das Ziel, so viele Ideen und/oder Lösungen wie möglich zu entwickeln. Im allgemeinen werden hier die Regeln des Brainstormings befolgt:

- Alle Ideen werden als relevant betrachtet, auch wenn sie zuerst als unpraktisch erscheinen.
- Je mehr Ideen entwickelt werden, umso besser ist die Ausgangssituation.
- In dieser Phase ist keine Kritik erlaubt.
- Entwickeln Sie Ideen anderer weiter und halten Sie Ihre Kommentare kurz oder zurück. (Bewertungsphasen folgen der Kreativitätssitzung)

Um maximales Interesse an und Effektivität in den Sitzungen zu gewährleisten, sollten sie nicht länger als eine Stunde dauern (30 bis 45 Minuten wären ideal). Die analytische (Kritik-)Phase hat etwa den doppelten Zeitbedarf.

Regeln für eine analytische (kritikorientierte) Sitzung

Nachdem das Storyboard der Planung zur allgemeinen Zufriedenheit abgeschlossen wurde, empfiehlt sich zunächst eine kurze Unterbrechung. Danach ist man für die jetzt zu leistende analytische (Kritik-)Phase bestens gerüstet. Im weiteren Verlauf werden die entwickelten Ideen und Lösungen einer Prüfung und Bewertung unterzogen. Jetzt ist die Zeit für konstruktive Kritik gekommen, ohne daß persönliche Werte des einzelnen angegriffen werden.

Betrachten Sie sich zunächst die Überschrift und stellen Sie folgende Fragen:

- Kann diese Idee funktionieren?
- Warum ist sie geeignet?
- Ist sie für unsere Ziele notwendig?
- Ist sie durchführbar, wie vorgeschlagen?

Sollte die gewählte Überschrift den Aktivitäten der analytischen (kritischen) Phase nicht standhalten, dann entfernen Sie sie oder setzen Sie sie auf eine andere Position. Danach sollten Sie alle Untertitel bewerten. Sollte ein Untertitel nicht sachbezogen oder inpraktikabel sein, entfernen Sie ihn oder verschieben Sie ihn. Bearbeiten Sie jetzt alle anderen Überschriften mit deren jeweiligen Untertiteln wie vorher. Ihr Ziel muß es sein, die Liste der Ideen übersichtlicher und handhabbarer zu gestalten.

Zusätzliche Schritte im Prozeß

Im Verlauf des Storyboardings sollten Sie stets die besprochene Reihenfolge der verschiedenen Boards einhalten. Nach dem einleitenden Planungsboard muß die Sitzung für das Ideenboard folgen.

Die Dauer des gesamten Prozesses kann sich aufgrund zeitlicher Einschränkungen der Teilnehmer über mehrere Tage hinziehen. Auch ein langwieriger und mit zähem Ringen verbundener Prozeß ist denkbar; besonders dann, wenn das Projekt sich als Krisenmanagement versteht.

Das Projektteam

Bevor Sie sich mit Hilfe der Storyboard-Technik Detailgedanken machen, sollten Sie Ihr Kernteam zusammenstellen. Im Regelfall besteht dieses Team aus 5 bis 8 Teilnehmern; realisierbar sind jedoch auch Gruppenstärken von max. 12 Teilnehmern. Die Auswahl der Gruppenmitglieder sollte behutsam geschehen. So empfiehlt es sich, hierbei u.a. auf die Ausgewogenheit zwischen männlichen und weiblichen Teilnehmern zu achten; auch die Hinzunahme von Repräsentanten bestimmter Minderheiten ist eine lohnenswerte Überlegung. Wenn Macht- bzw. Autoritätsdiskussionen befürchtet werden, die von vornherein eine konstruktive Teilnahme erschweren, dann sollten die Teilnehmer nicht aus unterschiedlichen hierarchischen Ebenen kommen.

Die Rolle des Gruppenleiters (Moderators)

Der Leiter achtet darauf, daß die Gruppe ziel- und zeitgerecht vorgeht. Er stellt sicher, daß das Team sich rechtzeitig zur anstehenden Gruppenarbeit versammelt und die Teilnehmer rücksichtsvoll miteinander umgehen. Der Leiter wirkt hauptsächlich als Bereitsteller und Befähiger für das Team. Diese Aufgabe ist eine ganzheitliche Herausforderung mit beträchtlicher Verantwortung. Aus diesen Gründen können sich unter gewissen Umständen verschiedene Leiter diese Last teilen. Zu Beginn der kreativen Sitzung beschreibt der Leiter dem Team das zu behandelnde Thema im Detail. Der Leiter versichert, daß alle das Thema verstehen und wissen warum welches Ziel mit der Sitzung erreicht werden soll.

Die Rolle des Sekretärs (Schriftführers)

Die Arbeit des Sekretärs konzentriert sich vor allem auf unterstützende Funktion während der beiden Sitzungstypen des Storyboardings. In der kreativen Phase protokolliert er die vorgetragenen Ideen. Das Löschen, Bewegen und Kombinieren der Ideen steht im Mittelpunkt der analytischen (Kritik-)Phasen. Zeiteinsparungen können durch die Benutzung verschiedener Symbole und gelegentlicher Zeichnungen erreicht werden.

Materialien zur Durchführung des Storyboardings

Die ursprünglich aus Kork bestehenden „Story-Boards" wurden im Prozeß des Storyboardings mit Notizkarten bestückt. Dieser Vorgang erforderte ein Gerät (Tucker), um die Karten an der Wand zu befestigen. Später entschied man sich jedoch zum Einsatz eines Klebebandes. Die entwickelten Ideen konnten so an verschiedenen Wänden untergebracht werden. In der Zwischenzeit hat sich die Durchführung des Storyboardings auf weißen Tafeln durchgesetzt.

Unterschiedliche Farben kennzeichnen Überschriften und Untertitel. Sowohl die zu erstellenden Spalten als auch die vorbereiteten Notizkarten sollten diese farbliche Unterscheidung aufweisen. Am Ende des Storyboardprozesses empfiehlt sich die Dokumentierung des auf der Tafel Erarbeiteten z.B. durch eine Polaroidkamera.

Ein anderes Beispiel

Nehmen wir an, es ist Ihre Aufgabe die Produktivität Ihrer Organisation zu steigern. Die übergeordnete Karte (Themat. Schwerpunkt = Schritt 1) hätte dann die Überschrift: „Steigerung der Produktivität". Das Projektteam müßte zunächst überlegen, wie es in bezug auf dieses Problem (Thema) diskutieren, denken, planen und handeln muß.

Einige in diesem Zusammenhang als wichtig erscheinende Überlegungen werden schließlich in Form von Untertiteln festgehalten. Dies könnten z.B. folgende Gedanken sein: Zweck der Produktivitätssteigerung; Definition der Produktivität; erfolgreiche Beispiele; Ursachen verbesserter Produktivität; Ursachen gefallener Produktivität; wichtige Methoden; schon implementierte Konzepte; Benchmarking (Beste Pratiken), vorhandende Ressourcen, Einschränkungen, Schulung und Trainingsmethoden, sowie gemischte Ideen.

Bei allen Überlegungen sollte darauf geachtet werden, daß jeweils eine Spalte mit dem Titel „Ziel/Zweck" und eine mit dem Titel „Gemischte Ideen" existiert. Des weiteren muß der Schwerpunkt „Ziel/Zweck" zunächst vollständig bearbeitet werden, bevor man mit dem Brainstorming der anderen Spalten beginnt. Der nächste Schritt besteht dann in der weiteren Untergliederung der oben genannten Untertitel.

Gemischte Ideen

Während unser ursprüngliches Storyboard-Beispiel zum gleichlautenden Thema in der Rubrik „Gemischte Ideen" lediglich einen Eintrag enthielt, zeigt die Graphik zu Schritt 4 weiterführende Untertitel auf. Neben dem für ein Storyboarding äußerst wichtigen Charakteristikum der visuellen Stimulation, berücksichtigt dieses Storyboard auch die Bereiche der Flexibilität und der Symbolik. Gerade die Technik des Storyboarding zeichnet sich durch einen hohen Grad an Variationsmöglichkeiten aus. Es müssen die hier geschilderten Regeln nicht stringent zur Anwendung gebracht werden - Abweichungen sind durchaus erlaubt. Die Berücksichtigung symbolischer Akzente macht es den Teilnehmern leichter, dem Fortgang des Storyboards zusammenhängend zu folgen. Ein adäquates Symbol faßt ein Konzept deutlich und unmißverständlich zusammen.

Das „persönliche" Story Board

Das in einer Aktentasche zu transportierende Format eines „persönlichen" Storyboards erlaubt die Übertragung eines an der Wandtafel entwickelten Storyboards auf die Größe eines DINA-4-Blattes. Es empfiehlt sich vor allem dann, wenn man die Nutzung eines entwickelten Storyboards vorort - in räumlicher Distanz zur Wandtafel - in Erwägung zieht.

Wie beginne ich mit dem Storyboarding?

1. Wählen Sie zunächst die Wandtafeln und die benötigten Materialien aus.
2. Entscheiden Sie sich für den ersten thematischen Schwerpunkt.
3. Organisieren Sie Ihr Projektteam. Benennen Sie die Teilnehmer/Teilnehmerinnen der ersten Storyboardphase und wählen Sie den Typ des Storyboardings.
4. Wählen Sie einen Moderator aus. Nachdem Sie auch die ergänzenden Funktionsaufgaben (Protokollant, „Taper") durch Perso-

nen besetzt haben, eröffnen Sie die erste Phase mit den kreativen Inhalten. Geben Sie einen Überblick über die grundsätzlichen Regeln. Überlegen Sie sich einige Einlagen, um die Mitglieder für das Projekt zu begeistern.

5. Nach einer kurzen Unterbrechung sollten Sie dann mit der analytischen (Kritik-) Bewertungsphase zu den entwickelten Vorschlägen beginnen. Hier erfolgt auch zunächst ein Überblick über die zugrunde liegenden Regeln. Während dieser Phase reorganisieren Sie Ihr vorhandenes Storyboard.

6. Auf das Planungsboard folgt das Ideenboard. Im Anschluß daran das Organisationsboard und falls notwendig auch das Kommunikationsboard.

Erfahrungen mit dem Storyboarding

Bisher wird das Storyboarding nicht so häufig eingesetzt wie das viel bekanntere Brainstorming. Bei komplex gestalteten Problemen ist Storyboarding eine der effektivsten KPL-Techniken. Die Attraktivität dieser Technik besteht hauptsächlich in Ihrer Flexibilität. Sollte Ihre Herausforderung den praktischen Erfordernissen nicht genau entsprechen, dann sollte Sie nichts davon abhalten, den Prozeß dieser KPL-Technik abzuwandeln.

Zusammenfassung der Schritte:

1. Acht bis zwölf Personen bilden eine Gruppe; ein Gruppenleiter und ein Protokollant werden bestimmt.

2. Das Problem wird als der thematische Schwerpunkt am Anfang des Storyboards definiert.

3. Die „Zielsetzungen/Zwecke" und „Gemischte Ideen" werden festgehalten. Die Rubrik „Zielsetzungen/Zwecke" wird einem Brainstorming unterzogen.

4. Auch die anderen, identifizierten Bereiche werden durch Brainstorming ermittelt und gefüllt.

5. Die entstehenden Untertitel werden ebenfalls durch ein Brainstorming identifiziert.

6. Nach einer kurzen Unterbrechung sollte die Analyse (Kritik) und Bewertung der entwickelten Vorschläge beginnen. Diese Phase endet mit der Reorganisation des vorhandenen Storyboards.

7. Auf das Planungsboard folgt das Ideenboard; dann das Organisationsboard und - falls notwendig - auch das Kommunikationsboard.

7.2.30 Synectics

Diese Form des Gruppen-Brainstormings basiert überwiegend auf Formen der Analogien- bzw. Metapherentwicklung, der Assoziation und der Exkursionstechnik. Es fördert Ihre Phantasie bei der Erstellung zunächst nicht unmittelbar erkennbarer Beziehungsstrukturen zwischen Objekten, Produkten, Personen und anderem [37]. Die Synectic-Technik hat zwei grundsätzliche Ziele: Zum einen strebt sie nach Bekanntmachung des Fremden, andererseits aber auch nach Verfremdung - und damit Weiterentwicklung - des Bekannten [38]. In der Regel setzt sich die Problemlösungsgruppe aus sieben Personen zusammen: dem Problemeigner, dem Moderator und fünf anderen Teilnehmern. Entsprechend den von William J.J. GORDON entwickelten Prinzipien geht die Synectics-Technik von drei grundsätzlichen Annahmen aus:

1. Kreativität steckt in jedem Menschen.
2. Kreativität bezieht sich mehr auf die emotionalen und nicht rationalen Fähigkeiten in uns und weniger auf die intellektuellen/rationalen.
3. Das kreative Feuer der Emotionalität kann durch Training und Übung geschürt werden [39].

GORDON erwähnt drei Mechanismen, die das gewünschte Verhalten bewirken sollen [40]:

1. Direkte Analogiebildung - Das „In-Beziehung-Setzen" des Objektes mit Ihnen bekannten Sachverhalten (z. B. biologischen Systemen).
2. Persönliche Analogiebildung - Stellen Sie sich vor, daß Sie selbst das zu untersuchende Objekt sind. Dies ähnelt dem schon erwähnten Rollenspiel.
3. Symbolische Analogiebildung - Die Entwicklung komprimierter Darstellungen (Schlüsselworte) des Problems; die hierbei entwickelten Analogien bilden die Grundlage des folgenden Brainstormings.

Eines der Hauptunterschiede zwischen Synectics und dem norma-
len Brainstorming ist die Möglichkeit, während des kreativen Prozesses Kritik zu üben. Tatsächlich werden die Teilnehmer sogar zu
einer Kritik aufgefordert. Diese kann zum gewissen Zeitpunkt fast
zynischen Charakter annehmen. Diese sehr spannungsgeladenen,
mit Emotionen angereicherten Sequenzen versuchen mehr kreative
Energien freizusetzen und deshalb ist die Kritik als auch die
dadurch angeregten Gefühle miteinzuspannen [41].

Der Moderator kann in jeder Phase des Prozesses die freie Asso-
ziationstechnik, die Bildung von Analogien und Metaphern oder die
Nutzung der Exkursionstechnik einsetzen.

Zusammenfassung der Schritte:

1. Das Problem wird identifiziert; der Problemeigner definiert das
   Problem. Er beginnt mit: „Wie können wir...?"
2. Das Problem wird kurz analysiert. Der Problemeigner
   beschreibt, warum es das Problem gibt und welche Lösungsansätze bisher versucht wurden. Er nennt auch die Zielsetzungen der Sitzung.
3. Die Ziel- und Wunschvorstellungen werden geäußert. Die Teilnehmer formulieren ihre individuellen Zielsetzungen und Wünsche zum anstehenden Problem. Hierbei tauchen die ersten
   vagen Möglichkeiten und Lösungsansätze auf.
4. Ziel- und Wunscherklärungen der Gruppe werden aufgelistet.
   Der Moderator schreibt jetzt auch die individuellen Ziele und
   Wünsche auf einer Wandtafel auf. Die „Reihum-Methode" der
   Teilnehmerbefragung (NG-Technik) wird hierbei eingesetzt.
5. Der Problemeigner versucht die Fixierung einer möglichen Lösung.
6. Der Problemeigner nennt drei Stärken und drei Schwächen der
   möglichen Lösung.
7. Die Gruppe übt Kritik an der vorgeschlagenen Lösung.

7.2.31 „Nimm fünf"

Diese spielähnliche Technik geht einiges weiter als das Brainstorming und wird von Gruppen mit je fünf Teilnehmern eingesetzt.
Das Spiel dauert etwa 40 Minuten. Diese KPL-Technik eignet sich
für viele Arten von Problemen, aber besonders bei Herausforderun-

gen in strategischen Planungen sowie bei der Konstruktion von Vorausschaufragebögen.

Zusammenfassung der Schritte:

1. Ein Themenbereich wird ausgewählt.
2. Der Moderator beschreibt diesen den anwesenden Teilnehmern und erläutert Details, falls nötig.
3. In etwa 2 Minuten schreiben die Teilnehmer ihre Ideen zum Thema auf.
4. Die Teilnehmer werden in Fünfergruppen aufgeteilt. Diese bearbeiten für einen Ideenpool längere Listen, die sie hinsichtlich ihrer Wichtigkeitsrangordnung gestalten.
5. Während einer gemeinsamen Sitzung aller Fünfergruppen wird danach eine „Kurzliste" der zehn wichtigsten Ideen erarbeitet und protokolliert.
6. Diese erarbeiteten Ideen werden weiter diskutiert und beurteilt.

7.2.32 Die TKJ-Methode

Die 1964 entwickelte Methode ist nach ihrem Erfinder, Jiro Kawakita, einem Professor am Technologischen Institut in Tokyo benannt [42]. Die ursprüngliche „Kami-kire ho" oder „Papierstückchen-Methode" wurde genutzt, um neue bildliche Konzeptionen von unbearbeiteten Daten zu gewinnen. Spätere Formen dieser Technik konzentrieren sich überwiegend auf den visuellen Bereich. Die Kommunikationsdefizite verbaler Konzepte werden durch visuelle Präsentationen ausgeglichen. Die TKJ-Methode baut auf der oben beschrieben KJ-Methode auf. Sie bietet jedoch weitere Schritte in der Problemdefinition an. Zwei grundlegende Teile des TKJ-Prozesses sind:
- Die Problemdefinition,
- die Problemlösung.

I. Die Problemdefinitionsschritte

1. Den Teilnehmern wird das Kernthema erklärt. Sie schreiben dann in etwa zehn Minuten so viele Ideen wie möglich auf Karten (7.5 × 12.5 cm). Die Ideen müssen prägnant und kurz verfaßt werden. Diese Phase dient der individuellen Berücksichtigung aller

denkbaren Perspektiven. Gewöhnlich kann jeder Teilnehmer innerhalb der vorgegebenen zehn Minuten bis zu 20 Ideen entwickeln.

2. Die Karten werden eingesammelt und Gruppenübereinstimmungen in allgemeine Kategorien unterteilt. Um diese Aufgabe effektiv durchzuführen, sammelt der Gruppenleiter die Karten zunächst ein und verteilt sie dann auf eine Weise, daß kein Teilnehmer seine eigenen Karten besitzt.

3. Der Gruppenleiter liest eine der Karten laut vor.

4. Die Teilnehmer finden jetzt Karten in ihrem Stapel, die verwandte Ideen zu der vorgetragenen aufweisen. So entwickelt sich nach und nach eine Sammlung von Karten, die sich an ähnlichen Fragen und Inhalten ausrichten.

5. Die Gruppe benennt jeden Kartenstapel nach dem ihm inhaltlichen Wesenskern der beschriebenen Definitionen.

6. Dieser Prozeß wird solange durchgeführt, bis alle Kartenstapel benannt sind.

7. Die benannten Kartenstapel werden in einer allumfassenden Gruppe kombiniert. Diese endgültige Gruppierung repräsentiert eine übereinstimmende Definition des Problems. Es ist der Sinn dieser Sortieraktivität, neue Denkansätze zu alten (vertrauten) Kategorien zu finden.

II. Die Problemlösungsschritte

1. Die Teilnehmer schreiben ihre Lösungsvorschläge auf Karteikarten. Diesen können, müssen aber nicht mit den vorangegangenen Ideen verwandt sein.

2. Der Gruppenleiter sammelt die Karten ein und verteilt sie auf gleiche Weise wie im Teil I. beschrieben. Auch hier werden sowohl der Vorschlag als auch die in Beziehung zu den vorgetragenen Ideen stehenden Überlegungen laut vorgelesen und in gemeinsamen „Lösungsgruppierungen" festgehalten.

3. Wie zuvor werden alle Karten in möglichen „Lösungsbereichen" organisiert.

4. Auch der allumfassende Lösungssatz (Stapel) wird erstellt und betitelt.

Variationen:

Eine graphische Präsentation der Gruppenideen in Form eines Flußdiagrammes trägt gewöhnlich zu einem allgemein besseren

Verständnis bei. Die Weiterentwicklung der dargestellten Ideen kann sich sowohl durch das erstellte Flußdiagramm als auch durch die anschließende Diskussion anbahnen. Möglicherweise müssen auch diese Ideen wiederum zunächst auf erwähnte Weise verteilt werden.

Wie viele der japanischen Kreativitätstechniken benutzt auch die TKJ-Methode visuelle Hilfen und frei assozierte Gedanken zur Entwicklung der Problemlösung. Als besonders angenehm wird vielerorts die Wahrung der Anonymität des Ideenentwicklers empfunden. Schlußnote:

Im zweiten Teil dieses Kapitels wurden Ihnen 32 KPL-Techniken vorgestellt. Wenn Sie sich nach geraumer Zeit mit etwa fünf dieser Techniken besonders gut anfreunden, dann wurden die für diesen Teil gesteckten Ziele erreicht. Experimentieren Sie bitte mit so vielen KPL-Techniken wie es Ihre Umstände erlauben. Die bessere Erschließung der unerschöpflichen Ressource Kreativität wird Ihnen in herausfordernden Lebenslagen nützlich sein.

Literatur

1 OPPENHEIMER, C.: Die Sterne sinken. DIE WOCHE 39/1993, S. 10
2 HIGGINS, J.H.: The Management Challenge. New York 1994, Kap. 1 und 15
3 DER SPIEGEL 16/1995, S. 107
4 ebenda, S. 107
5 ebenda, S. 107-114
6 ebenda, S. 107-114
7 HIGGINS, J.H.: The Management Challenge. New York 1994, S. 133
8 ebenda, S. 133
9 PLACEK, D.J.: Creativity Survey Shows Who's Doing What; How to Get Your Team on the Road to Creativity. In: Marketing News vom 06. November 1989, S. 14
10 OSBORN, A.: Applied Imagination. New York 1953, S. 297-304
11 »Federal Express: Employees Eliminate Problems Instead of Fighting Fires«. In: Business Marketing 2/1990, S. 40-42
12 KENNEDY, C.: The Transformation of AT&T. In: Long Range Planning 6/1989, S. 10-17
13 Focus - nachprüfen
14 VAN GUNDY, A.B.: Creative Problem Solving. New York 1987, S. 131-144
15 ebenda, S. 131-144

16 GRESCHKA, H.: Perspectives on Using Various Creativity Techniques. In: GRYSKIEWICZ, S.S.: Creativity Week II, 1979 Proceedings. Greensboro 1979, S. 51-55

17 HALL, L.: Can you Picture That? In: Training & Development Journal 9/1990, S. 79-81

18 BANDLER, R./GRINDER, J.: Frogs into Princes: Neurolinguistic Programming. Moab 1979

19 BANDROWSKI, J.F.: Taking Creative Leaps. In: Planning Review 1u.2/1990, S. 34-38

20 TATSUNO, S.M.: Creating Breakthroughs, the Japanese Way. In: R&D 2/1990, S. 136-142

21 FIERO, J.: The Crawford Slip Method. In: Quality Progress 5/1992, S. 40-43

22 COUGER, J.D.: Key Human Resource Issues in IS in the 1990s: Interviews of IS Executives Versus Human Resource Executives. In: Information and Management 4/1988, S. 161-174

23 OLIVERO, M.: Get Crazy! How to Have a Break Through Idea. In: Working Woman 9/1990, S. 144

24 GESCHKA, H.: a.a.O.

25 ebenda

26 CAMPELL, T.L.: Technology Update: Group Decision Support Systems. In: Journal of Accountancy 7/1990, S. 47-50

27 Inspiration software nachtragen

28 GLASMAN, E.: Creative Problem Solving. In: Supervisory Management 3/1989, S. 17-18

29 HOLT, K.: Consulting in Innovation through Intercompany Study Groups. In: Technovation 7/1990, S. 347-353

30 BOOKMAN, R.: Rousing the Creative Spirit. In: Training & Development Journal 11/1988, S. 67-71

31 TATSUNO, S.M.:Created in Japan: From Imitators to World-Class Innovators. New York 1990, S. 110-113

32 ebenda, S. 110

33 DELBECQ, A.L./VAN DE VEN, A.H./GUSTAFSON, D.H.: Group Techniques for Program Planning. Glenview, Illinois 1975

34 FOX, W.M.: Anonymity and Other Keys to Successful Problem Solving Meetings. In: National Productivity Review, Frühjahr 1989, S. 145-156

35 GRESCHKA, H.: a.a.O.

36 VANCE, M.: Storyboarding from Creativity a series of audio cassette tapes on creativity, taken from the accompanying booklet to the tape series. Chicago 1982; LOTTIER, L.F. Jr.: Storyboarding Your Way to Successful Training. In: Public Personnel Management, Winter 1986, S. 421-427

37 GORDON, W.J.J.: Synectics: The Development of Creative Capacity. New York 1961

38 GORDON, W.J.J./PRINCE, G.M.: The Operational Mechanisms of Synectics. Cambridge 1960, S. 2

39 ALEXANDER, T.: Synectics: Inventing by the Madness Method. In: Fortune 8/1965, S. 168

40 PROCTOR, R.A.: The Use of Metaphors to Aid the Process of Creativ Problem Solving. In: Personnel Review 4/1989, S. 33-42

41 GORDON/PRICE: a.a.O., S. 6-12

42 TATSUNO, S.M.:Created in Japan. a.a.O., S. 104-106

KAPITEL 8

KPL-TECHNIKEN ZUR AUSWAHL DER ALTERNATIVEN

8 KPL-Techniken zur Auswahl der Alternativen

Die Auswahl der Alternativen wird im allgemeinen als rationaler Denkprozeß betrachtet. Die Kriterien für diesen Vorgang wurden im KPL - Prozeß schon während der Identifizierungsphase festgelegt. Nun müssen sie die verschiedenen Lösungsalternativen mit den festgelegten Kriterien vergleichen. Danach müssen Sie sich für die, aus Ihrer Sicht, beste Alternative entscheiden. Das Auswählen der Ideen wird in zwei Phasen durchgeführt. Während der ersten Phase wird die Verträglichkeit der Kreativität mit der Zielsetzung und den daraufbezogenen Einschränkungen der Organisation überprüft. In der zweiten Phase wird die Idee nach der Effektivität ihrer potentiellen Wirkung bewertet. Teil der Entscheidungsbasis für eine erfolgreiche Produktinnovation sollte eine professionelle Marktuntersuchung sein. Bei einer Prozeß-, Markting- und Führungsinnovation muß auch die potentielle Auswirkung auf die gesamte Organisation berücksichtigt werden. Die angestrebten Wettbewerbsvorteile und Kernkompetenzen resultieren häufig aus einer Kombination der o.g. Aspekte.

Im folgenden Teil dieses Kapitels stellen wir Ihnen zwei KPL-Techniken vor, die Ihnen beim Vergleichen der vorgeschlagenen Alternativen in bezug auf die festgelegten Kriterien helfen können. Es handelt sich hierbei um die Techniken:

- Die Ideenbewertungsmatrix
- Die Punktmarkierungs/Aufkleber - Wahlmethode

8.1 Die Ideenbewertungsmatrix

Diese KPL - Technik wurde vom Innovationsberater Simon Majaro entwickelt [1]. Beim Auswählen kreativer Ideen hat sich die Bewertungsmatrix für uns als hervorragendes Werkzeug bewiesen. In der folgenden Abbildung (8.1) finden Sie ein Beispiel dieses Bewertungsprozesses. Jede der beiden Matrixachsen repräsentiert eine

Zusammenfassung von Kriterien. Die horizontale Achse repräsentiert die kreative Attraktivität der Idee und kann Qualitäten wie die Originalität und den wahrgenommenen Wert beinhalten. Die "Innovationsachse" repräsentiert die Verträglichkeit der Idee zu den strategischen Zielen und den Einschränkungen der Organisation. Dies kann auch Faktoren wie Marktlückenpositionierung, Marktanteil und -wachstum, sowie zur Verfügung stehende finanzielle- und Human-Ressourcen beinhalten.

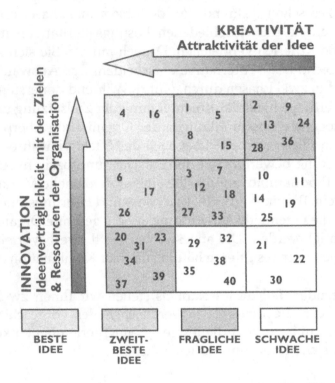

Abb. 8.1. Die Ideenbewertungsmatrix nach Simon Majaro; aus: The Creative Gap: Managing Ideas for Profit. London 1988

In dem oben dargestellten Schaubild wurden vierzig Ideen als entweder hoch, medium oder niedrig in der Kreativität und hoch, medium oder niedrig in der zur Strategie bezogenen Innovation bewertet. Die jeweiligen Kombinationen der Bewertungen werden mit einer Ideenzahl dargestellt. Zum Beispiel wurde die Idee Nr. 30 als niedrig auf beiden Achsen, Kreativität und Innovation, dargestellt. Die Idee Nr. 6 ist hoch in Kreativität und medium in Innovation bewertet worden. Diese Graphik repräsentiert eine einfache Bewertungsmatrix, bei der die Ideenposition auf der einfachen Beurteilung hoch, medium und niedrig der individuellen Wahrnehmung beruht.

Eine genauere Bewertung der verschiedenen Ideen ist z. B. mit der folgenden stufenorientierten Bewertungsskala möglich:

Kriterien der Bewertung (als Beispiel)	A	B (10 9 8 7 6 5 4 3 2 1 0)	A x B Gewichtungs-note
Idee-Attraktivität Leichte Implement.	0.10		
Orginalität	0.15		
Schützbar / Langfristig	0.10		
Anwender-freundlich	0.10		
Global-Akzeptabel	0.05		
Kriterienverträglich Finanzierungssicher	0.20		
Spez. Problemlösung möglich	0.10		
Unser Image	0.05		
Patentschutz-möglichkeit	0.05		
Unsere Vermarktungs-kompetenzen	0.10		
	1.00	GESAMTNOTE	

Abb. 8.2. Wertbestimmung der Ideen nach Simon Majaro; aus: The Creative Gap: Managing Ideas for Profit. London 1988

Die ausgewählte Idee kann dann auf der folgenden (Abb. 8.3) Matrix positioniert und präsentiert werden.

Die zweite Phase im Bewertungsprozeß kann auch mit Hilfe der Bewertungsmatrix durchgeführt werden.

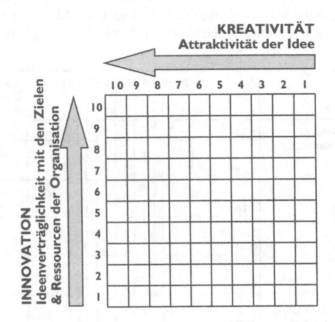

Abb. 8.3. Matrix zur Ideenplazierung nach Simon Majaro; aus: The Creative Gap: Managing Ideas for Profit. London 1988

Tabelle 8.1. Kriterien zur Bewertung einer Idee

Kriterien zur Attraktivität	Kriterien der Verträglichkeit
Originalität	Verträglichkeit mit den Vorhandenen
Einfachheit	Finanzielle Ressourcen
Anwenderfreundlichkeit	Human-Ressourcen
Leichte Implementierbarkeit	Firmenimage
Eleganz	Schutzrecht
Schwere Kopierbarkeit	Problemlösungsbedarf

Quelle: Simon Majaro, *The Creative Gap: Managing Ideas for Profit (London: Longman, 1988),* S. 46.

Tabelle 8.2. Kriterien zur Geschäftsbereichbewertung

Produktstärke/ Wettbewerbsposition	Marktpotential
(Nur ein Beispiel)	(Nur ein Beispiel)
Größe	Größe
Wachstum	Markt-Wachstum, Preisgestaltung
Anteil	Marktdiversifizierung (Segmentierung)
Position	Wettbewerbsstruktur
Profitabilität	Profitabilität des Industriebereichs
Perioden	Frequenz des technischen Wandels
Technologische Position	Soziale Faktoren (Gesellschaft)
Image	Umweltfaktoren
Umweltbelastung (Abgase)	Juristische Faktoren
Personal	Human-Faktoren

Quelle. Figure from *Strategic Management: Text and Cases*, Fifth ed. by James M. Higgins and Julian W. Vincze, copyright © 1993 by Harcourt Brace & Company, reproduced by permission of the publisher.

Die Produktinnovationen eines Unternehmens repräsentieren sich in den beiden Tabellen (8.1, 8.2):

- Die potentielle Wettbewerbsverbesserungen (Stärke)
- das Vermarktungspotential der Innovation

Die Wahrnehmung des Kundens einer Innovation muß das vom Unternehmen angestrebte Gleichgewicht zwischen Marktsog und Technologieschub gewinnbringend bestätigen.

8.2 Die Punktmarkierung-Bewertungsmethode

Die meisten Standard-Bewertungsmethoden beinhalten ein Benotungs-Wahl-System. Es gibt aber auch kreative Methoden, wie z. B. die bereits erklärte „Nominale-Gruppentechnik". Eine weitere kreative Methode ist die Punktmarkierungs-Aufkleberbewertungstechnik.

Bei dieser Technik wird die Idee für die Beteiligten deutlich sichtbar auf eine große Fläche geschrieben (Wandtafel, Flip-Charts usw.) [2]. Die Teammitglieder können gewöhnlich eine oder mehrere Stimmen zur Wahl abgeben. Nur selten ist es den Teilnehmern erlaubt über ihre eigene Idee zu entscheiden.

Zusammenfassung der Schritte:

1. Erstellen Sie eine Standard „Vierzellenmatrix". Die eine Achse repräsentiert die Kreativität und die andere stellt die Innovation dar.
2. In bezug auf die definierten Kriterien werden die entwickelten Ideen auf der Matrix positioniert.

Literatur

1 MAJARO, S.: The Creative Gap: Managing Ideas for Profit. London 1988
2 MATTIMORE, B.W.: Brainstormers Boot Camp. In: Success 10/1991, S. 28

KAPITEL 9

KPL-TECHNIKEN ZUR IMPLEMENTIERUNG DER ALTERNATIVEN

9 KPL-Techniken zur Implementierung der Alternativen

Wie schon erwähnt wurde, nur eine gute Idee zu haben, genügt bei weitem nicht. Der Plan für spezifische Aktivitäten, mit denen man Innovationen erfolgreich in den Markt einführt, muß sorgfältig entwickelt und effektiv implementiert werden. Ressourcen müssen für die Verwirklichung gesichert und marktgerecht bereitgestellt werden. Entschlossen und mit mühsamer Kleinarbeit müssen die Beteiligten in der Organisation unermüdlich vom Wert der Idee überzeugt werden. Das Vermarkten der Idee erfordert andere Disziplinen und Verhaltensweisen als die für die Entwicklung der Idee notwendigen. Die situationsspezifische Ausgewogenheit der interdisziplinären Projektteams muß die erforderliche Mischung der Fähigkeiten aufweisen und einsetzen, bevor eine Innovation im Markt erfolgreich werden kann. Der Implementierungsprozeß erfordert deshalb einen wirkungsvollen Umgang mit einer marktgerechten Organisationskultur. Hierbei wird der zielmotivierte Einsatz des integrierenden Projektleiter unerläßlich, auf den wir später im Detail zurückkommen werden. In diesem Kapitel befassen wir uns zunächst mit Kreativitätstechniken, die der Führung und dem Projektteam bei den Implementierungsaufgaben nützlich sind.

9.1 Das „Wie-Wie" Diagramm

Das „Wie-Wie" Diagramm ähnelt dem „Warum-Warum" Diagramm. Es identifiziert die für die Implementierung einer Problemlösung nötigen Schritte. Die abgestimmte Lösung wird deutlich und verständlich auf der linken Seite des Diagramms präsentiert. Der detaillierte Aktionsplan entwickelt sich in Form eines Entscheidungsbaum weiter rechts in diesem Diagramm. Die Frage: „Wie" wird jedes Mal gestellt, wenn eine Lösung aufgeführt wird. Der Problemlöser beantwortet das „Wie" mit einem detaillierten Aktionsplan. Zur Verdeutlichung verwenden wir jetzt das schon besprochene Produktverbesserungsbeispiel. Eine mögliche Lösung könnte das

„verbesserte Produktdesign" sein. Wenn wir uns daraufhin fragen, „wie" wir das Produkt verbessern können, ergeben sich vier prinzipielle Möglichkeiten:

- verbesserte Verpackung
- verbesserte Produktqualität
- verlängerte Haltbarkeit im Regal
- kürzere Lieferzeiten

Das „Wie-Wie" Diagramm hilft uns, die Ganzheitlichkeit eines Problems und seiner Lösungsmöglichkeiten mit einem Blick zu registrieren und hoffentlich auch zu verstehen. Lassen Sie deshalb das Diagramm auf der nächsten Seite (Abb. 9.1) für einige Minuten auf sich wirken, bevor Sie Ihre eigenen Überlegungen zu möglichen Lösungsansätzen anstellen. Zu jeder o.g. Frage muß das "wie" sorgfältig beantwortet werden. Einige Antworten zu diesen Fragen werden Ihnen in der zweiten „Wie"-Spalte gegeben. Der Einsatz interfunktionaler Designteams führt häufig schon zu signifikanten Verbesserungen im Produktdesign. Andere Aktivitäten wie z.B. der Einsatz von „Qualitätskreisen" und „TQM"-Maßnahmen leisten häufig einen entscheidenden Beitrag zur marktgerechten Lösung. Sowie das „Wie-Wie" Diagramm vervollständigt ist und die darin enthaltenen Maßnahmen von den Beteiligten verstanden und unterstützt werden, bleibt es hauptsächlich der bedarfsgerechten Disziplin und Detailarbeit überlassen, den Markterfolg zu bewirken.

Zusammenfassung der Schritte:

1. Die zwischen den Beteiligten abgestimmte Lösung wird auf der linken Seite des „Wie-Wie" Diagramms deutlich präsentiert.
2. Der Entscheidungsbaum mit detaillierten Aktionen wird aufgezeichnet. Die Antworten zu den „Wie"-Fragen verzweigen sich nach rechts, mit immer deutlicher werdenden Definitionen zu den Implementierungsschritten.
3. Begonnen wird mit dem ersten Gesamtlösungsstatement. Danach folgt die Frage: „Wie" die geeignete Implementierung durchgeführt werden soll.
4. Die Antworten in der zweiten „Wie"-Spalte geben noch genauere Anweisungen zu den Implementierungsschritten.

5. Dieser Prozeß kann nach rechts so lange fortgeführt werden, bis alle Beteiligten mit dem Realisierungsplan einverstanden sind.

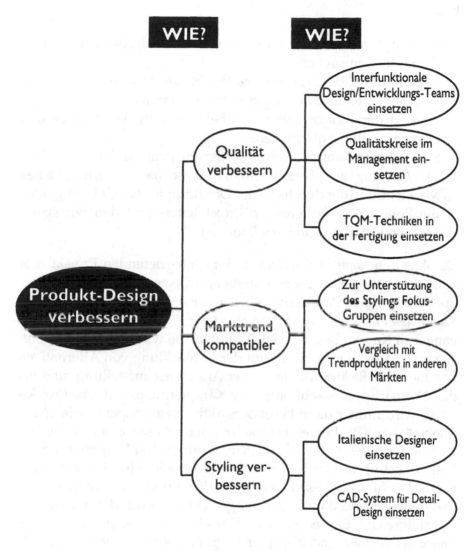

Abb. 9.1. Produkt-Design-Verbesserung durch ein Wie-Wie-Diagramm

9.2 Der „Kämpfer" beim Ideenvermarkten

Roger von Oech, ein bekannter Kreativitätsberater und Autor schlägt vor, daß es zu den o.g. Aufgaben vier bestimmte und gut definierte Regeln mit den dazu gehörenden Rollen gibt. Diese vier Rollen oder Aufgaben sind: *Entdecker, Künstler, Richter und Kämpfer*. Keine dieser Rollen darf während des KPL Prozesses unbesetzt bleiben.

- Sie sind der *Entdecker*, wenn Sie nach neuen Informationen und Erkenntnissen suchen.
- Sie sind der *Künstler*, wenn Sie Ihre Ressourcen in neue, marktgerechte Ideen und Lösungsansätze umwandeln.
- Sie sind der *Richter*, wenn Sie über den Wert neuer Ideen und Lösungsansätze entscheiden.
- Sie sind der *Kämpfer*, wenn es darum geht, andere von Ihrer Idee/Lösung zu überzeugen und diese bis zur erfolgreichen Markteinführung durchsetzen. Der Kämpfer erfüllt häufig auch die Rolle des integrierenden Projektleiters (auf den wir später noch im Detail zu sprechen kommen).

Da ohne den *Kämpfer-Projektchampion* - integrierenden Projektleiter viele wertvolle Innovationen sterben, müssen wir dieser seltenen Spezie besondere Aufmerksamkeit widmen. Die anderen drei o.g. Rollenspieler wurden unter verschiedenen Namen in dem vorangegangenen Kapitel beschrieben. Weiter vorne wurde zuerst der *Entdecker* und der *Künstler* während der Entwicklung von Alternativen beachtet. Der *Richter* wurde bei der Annahmenaufstellung und bei der Alternativenauswahl tätig. Der Kämpfer (ganzheitliche Projektleiter) wird immer dann besonders aktiv, wenn Aspekte wie „Neophobie" den KPL-Prozeß behindern oder zu zerstören drohen. Der Kämpfer tritt verstärkt auf den Plan, wenn die Implementierung der besten Lösung in Gefahr gerät. Sein unermüdlicher Einsatz versichert, daß für den Gesamterfolg nützliche und kreative Lösungen marktgerecht und damit auch zeitgerecht umgewandelt werden.

Erfolgreiche Entdecker und Künstler sind selten auf gleiche Weise als Richter und Kämpfer tätig. Nur sehr selten können die ersten der o.g. Rollen mit der des Kämpfers harmonisiert werden.

Häufig wird die Entdecker- und Künstlerrolle integriert. In der dritten und vierten Rolle kann eine Person aus der Führungsebene am effektivsten wirken. Mit einer Führungsperson in dieser integrierenden Rolle (ganzheitlicher Projektleiter) können schwierige Implementierungsprozesse effektiver gestaltet werden. Die Zeit von der Idee bis zur erfolgreichen Markteinführung kann so signifikant gekürzt werden. Dieser Zeitfaktor kann somit zur Kernkompetenz der Organisation entwickelt werden. Beim Auf- und Ausbau dieser Kernkompetenz spielt der „integrierende Projektleiter" die entscheidende Rolle.

9.3 Der Integrierende Projektleiter (IPL)

Der ganzheitliche und integrierende Projektleiter ist eine wertvolle Rarität in jeder Organisation. Auf der Suche nach seinem Persönlichkeits-Verhaltensprofils (WPP-Profil im Anhang II) sollte auf folgendes geachtet werden:

- *Marktorientiert*: Versteht dem Marktbedarf und Kunden (extern & intern).
- *Vielsprachig*: Es spricht die Sprache der Partner (extern & intern).
- *Konzeptenthusiast*: Hat das Konzept ins Herz geschlossen und kämpft dafür.
- *Teilt Besitztum*: Teilt Ideen, Konzepte und Erfolg mit anderen.
- *Innovativ*: Überzeugt mit seinem Verständnis für Kreativität & Innovation im Team.
- *Energiebündel*: Ermüdet nie in seiner zielmotivierten Mission als Kämpfer.
- *Visionär*: Teilt seine realisierbaren Visionen mit anderen.
- *Ausgewogene Ethik*: Genießt das Vertrauen seiner Partner (intern & extern).
- *Kompetenz*: Spricht und handelt mit fachlicher Kompetenz und Autorität.

Notiz: Das WPP-Werkzeug (Anhang II) hilft Ihnen den IPL und andere persönliche Präferenzenprofile früh zu erkennen und zu entwickeln.

Wie Sie den aufgelisteten Eigenschaften und Fähigkeiten des „integrierenden Projektleiters" entnehmen können, handelt es sich bei dieser Person um die seltene Persönlichkeit des o.g. „Kämpfers". Dieser Kämpfer weiß auch, daß langfristige Wettbewerbsvorteile nur mit marktgerechtem Verhalten gesichert werden. Er ist fortwährend bemüht, die Verschiebungen der folgenden Wettbewerbsparadigmen als erster zu erkennen und zu verstehen:

- Wettbewerbsvorteile resultieren aus marktgetriebenen Verbesserungen und Innovationen (nicht nur im technischen Bereich).
- Diese Innovationen müssen sich am internationalen und nicht nur am nationalen Marktbedarf orientieren.
- Um Kernkompetenzen aufzubauen, müssen die dafür treibenden Kräfte kontinuierlich und unternehmerisch verstärkt werden.
- Der vertraute und heimische Markt muß weitgehend als Plattform für globale Strategien und Aktivitäten genutzt werden.
- Nur durch Weitsichtigkeit, innovatives und proaktives Handeln erreicht man langfristig eine führende Marktposition.

Ihr integrierender Projektleiter (Kämpfer) achtet nicht nur auf eine bestimmte Zielerreichung, sondern auch darauf, wie es erreicht wird. Er hat erfahren, daß die konstruktiv Kreativen mit realistischen Zielen motiviert werden. Aus diesem Grunde achtet er darauf, daß die ehrgeizigen Gesamtziele in kleinere und realistische Zwischenziele unterteilt werden. Beim Erreichen der Zwischenziele wird Lob an die Beteiligten, leistungsbezogen, gerecht und motivierend verteilt. Dies fördert das „Wir-Gefühl" und die Motivation, und es baut die konstruktive Dynamik im interdisziplinären Projektteam auf.

Der integrierende Projektleiter berücksichtigt folgende Erfolgsfaktoren:
- Kürzere Produktlebenszyklen (PLZ).
- Kürzere Produktentwicklungszeiten sind gefordert.
- Marktgerechte Innovationen verlangen interdisziplinäre Lösungen.
- Erfolgsprodukte beinhalten mehr Innovationen.
- Globale Marktorientierung fordert regionale Optionsflexibilität.
- Relativ niedrige Kosten mit effektiver und flexibler Fertigung.
- Hohe Differenzierungsbereitschaft (auch Diversifizierung).
- Häufung der Diskontinuitäten in der Technik und im Markt.
- Schwindender Technologievorsprung der modernen Industrienationen.
- Erfolgssyndrom und Überheblichkeit ist eine Herausforderung.
- Kernkompetenzen und kreatives Schlüsselpersonal ist eine Rarität.
- Die „wertschöpfende Ressource" (Menschliche Kreativität) wird vernachlässigt.

- Bürokratische Endlosschleifen bremsen den Innovationsmotor.
- Visionäre Führung muß administratives Verwalten verdrängen.
- Marktgerechtes Gleichgewicht zwischen Verantwortung und Autorität schaffen.
- F & E Aktivitäten effektiv und nicht nur effizient gestalten.
- Benutzerfreundliche Produkte / Prozesse entwickeln.
- Produkt/Prozeßentwicklungen modularer gestalten.
- Marktgerechte Qualität muß Wert für Geld darstellen.
- Plattformprodukte müssen viele Variationen zulassen.
- Die menschliche Kreativität ist Schlüssel zum langfristigen Erfolg.
- Zeit von Idee zum Markt wird noch kürzer.
- Der internationale Wettbewerb verschärft sich, usw.

Während der Implementierung komplexer Projekte oder Produkte empfiehlt es sich, die Entwicklung/Designaufgabe in gut überschaubare und gut kontrollierbare Module aufzuteilen. Der gesamte Entwicklungsprozeß sollte auf einer leicht verständlichen, aber detaillierten Balkengraphik dargestellt werden. Auf der Zeitachse dieser Graphik sind auch die zu erreichenden Zwischenziele und Meilensteine deutlich festzuhalten. Die Schnittstellen und die Integrationsbedingungen zwischen den Modulen sind für Teammitglieder leicht verständlich und im Detail abgestimmt. Abbildung 9.2 auf der folgenden Seite zeigt beispielhaft den Implementierungsprozeß einer Produktentwicklung.

Während der Implementierungsphase hat der integrierende Projektleiter die größten Herausforderungen zu meistern. Bei komplexeren Projekten bedient er sich eines Projektmanagements, das auch Modellierungsprogramme im PC nutzt. Diese dynamischen Modelle erlauben auch die Erkennung der sonst schlecht vorhersehbaren Redesignzyklen.

Letztendlich ist kein ehrgeiziges Projekt völlig vor Überraschungen gefeit. Immerhin ist ein innovatives Projekt schon per Definition eine Reise ins Neue und keine Routineaktivität. Solch ein Projekt beinhaltet Vorgänge, die in der spezifischen Weise und dem Zusammenhang noch nie vorher durchgeführt wurden. Mit seiner Ganzheitlichkeit erkennt der integrierende Projektleiter Herausforderungen, bevor sie anderen sichtbar werden.

Ein Funktionsmuster dient dazu, alle Hauptfunktionen des neuen Produktes nachzuweisen. Während dieser Phase werden die verschiedenen Teillösungen zum ersten Mal integriert. In Prototypen erscheint das neue Produkt zum ersten Mal mit allen Funk-

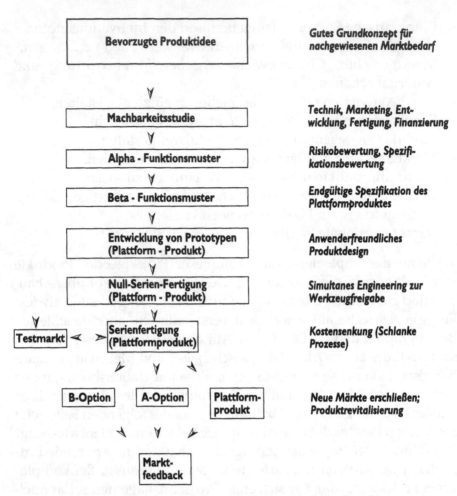

Abb. 9.2. Implementierungsprozeß einer Produktentwicklung

tionen in seiner vermarktbaren Gestalt. Während der Prototyp auf Herz und Nieren getestet und begutachtet wird, laufen mit Hilfe des Simultanengineerings schon die letzten Vorbereitungen und Änderungen für die Nullserie. Die Nullserie dient dazu, den Markt und die Fertigungsprozesse zu testen. Während dieser Phase werden auch die letzten Integrationsprobleme zwischen der Entwicklung und der Serienfertigung gelöst. Der Projektleiter und sein Team achten jetzt ganz besonders auf die Straffung des Projekts. Die Zeittermine zur erfolgreichen Markteinführung dominieren jetzt das Geschehen, wie Sie auch in der folgenden Graphik (Abb. 9.3: Das Tätigkeitsspektrum des integrierenden Projektleiters) nachvollziehen können.

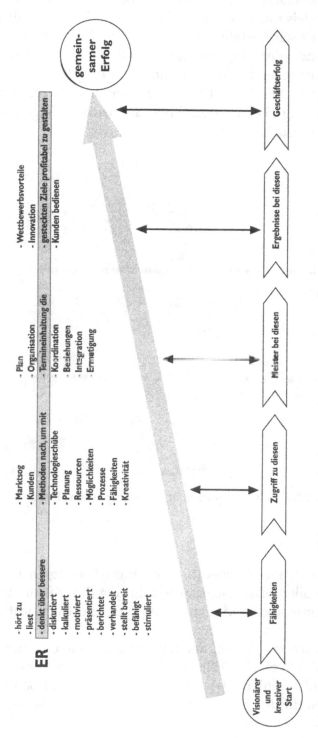

ER
- hört zu
- liest
- denkt über bessere

- Marktsog
- Kunden
- Methoden nach, um mit

- Plan
- Organisation
- Termineinhaltung die

- Wettbewerbsvorteile
- Innovation
- gesteckten Ziele profitabel zu gestalten

- diskutiert
- kalkuliert
- motiviert
- präsentiert
- berichtet
- verhandelt
- stellt bereit
- befähigt
- stimuliert

- Technologieschübe
- Planung
- Ressourcen
- Möglichkeiten
- Prozesse
- Fähigkeiten
- Kreativität

- Koordination
- Beziehungen
- Integration
- Ermutigung

- Kunden bedienen

gemein-
samer
Erfolg

Visionärer
und
kreativer
Start

Fähigkeiten

Zugriff zu diesen

Meister bei diesen

Ergebnisse bei diesen

Geschäftserfolg

Abb. 9.3. Das Tätigkeitsspektrum des integrierenden Projektleiters

Abb. 9.3. Das Tätigkeitsspektrum des integrierenden Projektleiters

Ehrgeizige und marktgerechte Ziele können langfristig nur mit motivierten Hochleistungsteams erreicht werden. Die Zielmotivation im Team erhält seine Vitalität durch eine "Win-Win" Organisationskultur. Besonders der integrierende Projektleiter leistet entscheidende Beiträge zur gesunden Teamkultur, in der den Beteiligten die Wahrnehmung der „Win-Win" Umstände ermöglicht wird. In der folgenden Abbildung (9.4) werden Ihnen die hierfür nötigen Voraussetzungen dargestellt.

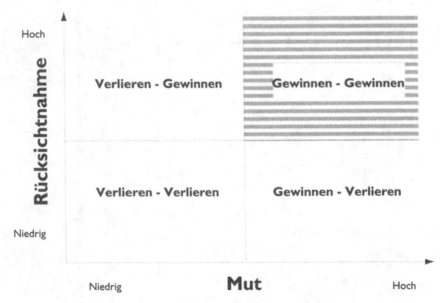

Abb. 9.4. Win-Win-Gleichgewicht im interdisziplinären Team

Der integrierende Projektleiter (IPL) ist für die Beteiligten immer ein verständnisvoller Diskussionspartner. Er lebt den Teammitgliedern die situationsgerechte Mischung von Mut und Rücksichtnahme vor.

Sie haben es schon erkannt, der integrierende Projektleiter hat sich ein wertvolles Persönlichkeits- und Erfahrungsprofil erarbeitet (siehe WPP-Profil in Anhang II). Seine Katalysator- und Koordinierungsfunktion ist für den Erfolg der Organisation von entscheidender Wichtigkeit.

Synergie in interdisziplinären Teams

Besonders während der Implementierungsphase achtet der IPL darauf, daß sich die Mitarbeiter im Projektteam bedarfsgerecht ergänzen. Die Synergieeffekte werden in einer Atmosphäre der konstruktiven Interpendenz optimiert, wenn die Beteiligten sich auf ein hohes Niveau der Kooperation und des Vertrauens eingeschworen haben. Die folgende Graphik (Abb. 9.5) präsentiert Ihnen die Entwicklung der Synergieeffekte im Projektteam.

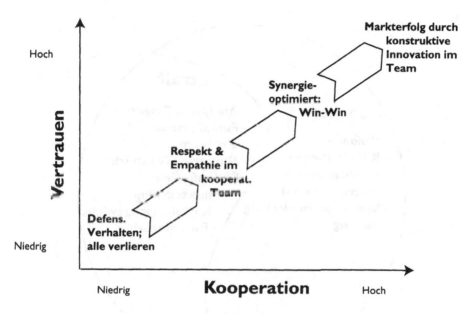

Abb. 9.5. Synergieeffekte im Projektteam

Das empathische Verhalten des IPL setzt Qualitätsmaßstäbe für synergiefördernde Aktivitäten. Zur Optimierung der Synergieeffekte harmonisiert der IPL die individuellen Ziele mit den marktgetriebenen Zielen des Teams und der Organisation. Harmonisierung bedeutet hier nicht Gleichstellung, sondern Kompatibilität. Diese IPL-Tätigkeit ist sowohl in der „lockeren" kreativen, als auch in der straffen Implementierungsphase von großer Wichtigkeit.

Das Gleichgewicht zwischen locker und straff

Wir sprechen hier schon von der hohen Kunst der Humanressourcenführung, wenn es um das konstruktiv kreative und marktgerechte Leistungsverhalten (locker - straff) geht. Die erfolgreiche Implementierung marktgerechter Innovation für den günstigsten Markteinstieg erfordert eine straff organisierte Vorgehensweise. Die folgende Graphik (Abb. 9.6) macht Sie auf wichtige Aspekte in diesem erforderlichen Gleichgewicht aufmerksam:

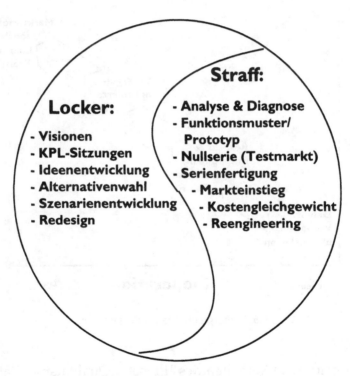

Abb. 9.6. Gleichgewicht zwischen „Locker" und „Straff"

Der Ressourcenaufwand für den straffen Teil ist häufig ein vielfaches von dem, was für die lockere (kreative) Phase aufgewendet wurde. Da die Richtung und die Konzentration des Ressourcenaufwandes häufig schon sehr früh während der kreativen Phase festgelegt wird, müssen die straffen Teile der Implementierungsphase für die Beteiligten deutlich verstanden und akzeptiert werden. Auch aus diesen Gründen muß der IPL bei der zielorientierten Kommunikation im Team mit konstruktiven Beispielen vorangehen. Um das erforderliche Gleichgewicht zwischen der lockeren und der straffen Phase marktgerecht zu realisieren, müssen die folgenden Verhaltensformen eingehalten werden:

- Ziel- und Prioritätenfokus bewahren
- Versprechen und Verpflichtungen einhalten
- marktgerechte Zeitpläne einhalten
- Atmosphäre des Vertrauens/Offenheit unterstützen
- Marktorientiertheit demonstrieren
- keine Kontakte ohne konstruktiven Informationsaustausch
- nur fachliche Kompetenz und Autorität demonstrieren
- Ziel- und Kundenorientiert (extern & intern) handeln
- Vertrauen, Rücksichtnahme und Mut demonstrieren, usw.

Indem der IPL zu den o.g. Richtlinien professionelles Verhalten und Lernbereitschaft demonstriert, trägt er entscheidend zur Konstruktivität der Teamkultur bei. Die Entwicklung und die Pflege der gemeinsamen Werte stärkt das „Wir-Gefühl" im Team. Diese Teamatmosphäre wirkt unterstützend für die verborgenen Kreativitätsreserven, die den Innovationen und Kernkompetenzen des Teams zu Gute kommen. Diese Entwicklung stärkt das Selbstvertrauen, Selbstwertgefühl und den Mut der Beteiligten. Der Innovationsquotient des Teams und der gesamten Organisation wird hierdurch signifikant angehoben. Zur gleichen Zeit wandelt sich auch das Kräftefeld der Organisation. Hiermit wurde auch ein Grundstein im Fundament der lernenden Organisation gelegt, die den rasant gewordenen Wandel besser managen kann.

9.4 Kräfte-Feld-Analyse

Organisationsentwicklung ist nur eine Form, um den Wandel zu managen. Unabhängig davon, welches Programm Sie wählen, um die Kräfte im Wandel zu nutzen, Sie werden hier und da auf Widerstände treffen. Um diese Herausforderung erfolgreich zu meistern, hilft es Ihnen, wenn Sie mit der Kräfte-Feld-Analyse vertraut sind. Kurt Lewin, ein Pionier im Bereich „Wandel-Management" hat das Konzept der „Kräfte-Feld-Analyse" entwickelt. Er behauptet, wie auch andere, der Wandel vollzieht sich durch die relative Stärke der konkurrierenden, vorantreibenden und widerstrebenden Kräfte.

Die folgende Graphik (Abb. 9.7) veranschaulicht diesen Sachverhalt.

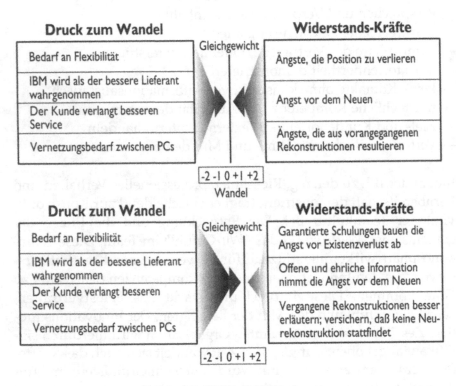

Abb. 9.7. Kräfte-Feld-Analyse

Die vorantreibenden Kräfte drängen die Organisation zum Wandel und die Widerstandskräfte wollen diesen Wandel verhindern. Der eigentliche Wandel ist die entstehende Konsequenz der Interaktion dieser beiden Kräfte. Wenn Sie den Wandel wirklich wollen, dann müssen Sie ihn mit Nachdruck herbeiführen und nicht nur darüber diskutieren. Es ist ganz natürlich, daß Sie mit ihrem Druck auch auf Gegendruck stoßen, von denen, die den Wandel verhindern oder verzögern wollen. Wie beim Gesetz der Physik, wird auch Ihre Aktion eine Reaktion hervorrufen. Der erfahrene Projektleiter erkennt, wie er mit dieser Reaktion konstruktiv umgehen muß. Auch Lewin hält es gewöhnlich für den besseren Weg, den Gegendruck diplomatisch abzubauen und nicht nur die vorantreibende Kraft zu erhöhen.

In der Graphik wird Ihnen diese Vorgehensweise der Gegendruckreduzierung veranschaulicht. Bei diesem Beispiel geht es um einen Wandel - weg vom Einzellieferanten und hin zu mehreren Computerherstellern (IBM, DEC, ...). Dieses Beispiel stellt nur eine Teilanalyse aus der Sicht des Divisionsleiters dar. Wie Sie vom rechten unteren Teil der Grafik sehen können, hat sich das Management entschieden, die Ängste vor dem Wandel unter den Mitarbeitern abzubauen. Diese Aufgabe wird hauptsächlich durch offene Kommunikation, durch die Garantie auf den Arbeitsplatz und durch situationsgerechte Schulungen erledigt.

9.5 Zusätzliche Implementierungswerkzeuge

Auf der folgenden Tabelle hat eine interdisziplinäre Gruppe von zwanzig Managern aus verschiedenen Unternehmen und Industriebereichen ein Story-Board zu Schlüsselfaktoren beim erfolgreichen Vermarkten ihrer kreativen Ideen aufgebaut. Fügen Sie bitte Ihre eigenen Vorstellungen hinzu.

„Das Vermarkten Ihrer kreativen Ideen an andere"

Ziele
- Um Ideen effektiver zu vermarkten;
- um mehr Erfolg zu sichern;
- bessere Gewinne für das Unternehmen zu erwirtschaften;
- selber mehr Geld verdienen;
- die Arbeit leichter und interessanter gestalten;

Vorbereitung
- Zuerst sich selbst überzeugen;
- Beispiele zur Nützlichkeit;
- Hürden erkennen und Formen der Überwindung;
- wichtige Fakten sammeln/Unterstützung einholen;
- Koalition mit der Machtbasis eingehen;
- die Politik der Situation kennen;

- richtige Werkzeuge in der Präsentation einsetzen;
- Personen stützen und Anmerkungen äußern;

Wer
- Mitarbeiter, Partner, Chef;
- untergebene Machtbasis;
- Kundenführung;

Wie
- Vorteile hervorheben;
- Bedürfnis kennen und Gewinn aufweisen;
- Kosten reduzieren helfen;

Fähigkeiten / Persönlichkeit
- Wettbewerbsfähig;
- Visualisierungen / Enthusiasmus;
- Hartnäckigkeit lernen, Mißerfolg verkraften;
- untersuchen;

Stil
- Präsentationsvorteile;
- sich selbst kennen; (WPP-Inventur)
- die Perspektive nicht verlieren;

Glaubwürdigkeit
- Verbesserung des jetzigen Images;
- setzt glaubwürdige Beschreibung ein;
- unterstützende Informationen einsetzen;

Kosten
- Wieviel?
- Wie wird es finanziert?

Kultur
- Innovativ oder nicht?
- aufgeschlossen gegenüber Kreativität?
- Wer sind Entscheidungsträger?
- Zwei-Stufen-Vermarktungsprozeß;

Ergebnisse
- Langfristig versus kurzfristig?
- Quantifizierbar?
- Qualität?
- Strategischer Geschäftsplan?

Präsentationsfähigkeiten
- Faktenbezogen / Gesamtbild?
- überzeugend?

Persönlichkeit
- Innovatorisch versus Anpassung?
- Selbst an die Idee glauben?
- Hartnäckig selbstsicher?

Zusammenfassend möchten wir Ihnen auf den nächsten Seiten (Abb. 9.8) den gesamten strategischen Geschäftsentwicklungsprozeß noch einmal graphisch in Erinnerung rufen.

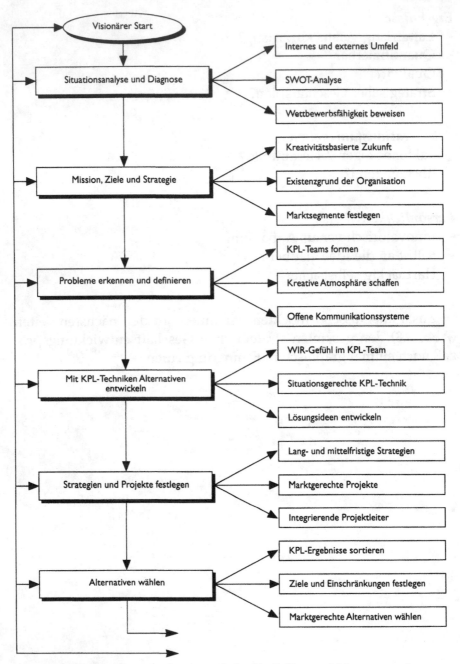

Abb. 9.8. Der gesamte strategische Geschäftsentwicklungsprozeß

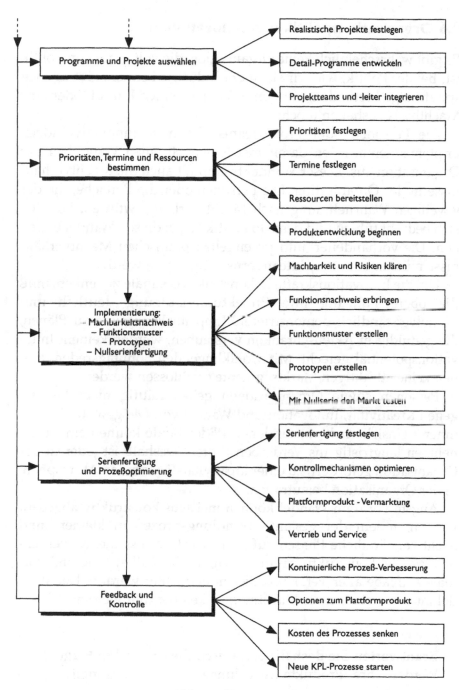

Abb. 9.8 (Fortsetzung)

9.6 Organisationspolitik und Innovationen

Es gibt wahrscheinlich keine Organisation, die völlig frei von Politik ist. Bei der Politik, wie wir sie in der Industrie kennen, gibt es auch spitzfindige Methoden, mit denen jemand seinen Einfluß oder eine Machtbasis ausbauen möchte.

Die Personen oder Projektteams, die neue innovative Ideen implementieren, lösen damit meistens auch einen Wandel in der Organisation aus. Dieser Wandel beeinflußt auch die Machtverhältnisse in der Organisation. Die Personen oder die Bereiche, die der jeweiligen Wahrnehmung nach Macht verlieren würden, könnten sich bedroht fühlen und deshalb Politik gegen diesen Wandel betreiben. Die vorhandenen und potentiellen politischen Machtverhältnisse müssen vom Projektteam ernst genommen werden.

Um die Innovationskräfte in konstruktive Kanäle zu lenken, muß die obere Führung ihre Projektunterstützung deutlich und unmißverständlich demonstrieren. Lippenbekenntnisse zu Plänen, die geduldig in Aktenschränken verstauben, werden keinem Innovationspotential gerecht. Mit wohlklingenden Sonntagsreden können keine attraktiven Marktsegmente erschlossen werden.

Personen sowie Organisationen gehen häufig nicht bewußt gegen Kreativität, Innovation und Wandel vor. Die gewöhnlich aus innerer Unsicherheit entstandenen Widerstände können ein Unternehmen langfristig ins Verderben führen. Deshalb ist jeder in der Organisation gefordert, zu einer kreativitätsfördernden Atmosphäre in der Organisation beizutragen.

Ängste vor dem Wandel können meistens konstruktiv abgebaut werden, indem der gesamte Wandlungsprozeß in kleinere und leicht verständliche Phasen aufgeteilt wird. Den schneller werdenden Wandel konstruktiv zu managen, muß als alltägliche und normale Aufgabe aller Verantwortlichen betrachtet werden. Der Wandel muß zuerst als neue Marktmöglichkeit begrüßt werden.

Beantworten Sie deshalb periodisch die folgenden Fragen:
- Werden Ihre Produktentwicklungen den Marktmöglichkeiten gerecht?
- Sind Möglichkeiten wegen zu langsamer Entwicklung verpaßt worden?
- Ist Schlüsselpersonal für proaktives Handeln zu überlastet?

- Welche Einschränkungen/Diskontinuitäten behindern die Entwicklung?
- Wurden alle Produktrevitalisierungsmöglichkeiten ausgeschöpft?
- Welche neuen Wettbewerbsvorteile haben Sie entwickelt?
- Wie vergleichen Sie sich zu Schlüsselinnovationen des Wettbewerbs?
- Welchen Umsatz erzielen Sie mit Produkten jünger als drei Jahre?
- Was sind Ihre wettbewerbsfähigen Kernkompetenzen?
- Was werden Ihre neuen Wettbewerbsmärkte sein?
- Wer werden Ihre neuen Wettbewerber sein?
- In welche Fähigkeiten für morgen investieren Sie deshalb heute?

Aufrichtige und spontane Antworten zu den oben genannten Fragen formen eine marktgerechte Grundlage für Ihren strategischen Geschäftsplan.

KAPITEL 10

KPL-TECHNIKEN
ZUR KONTROLLE DER
IMPLEMENTIERTEN
ALTERNATIVEN

10 KPL-Techniken zur Kontrolle der implementierten Alternativen

10.1 Konstruktives Lenken und Steuern durch den IPL

Hauptaufgaben der Organisationsführung sind das Lenken, Steuern und Kontrollieren. Dies ist auch bei Aktivitäten im KPL-Prozeß der Fall. Die Aktivitäten während der Produktentwicklung sind besonders schwierig zu kontrollieren. Diese Schwierigkeiten erwachsen hauptsächlich aus der natürlichen Ungewissheit über die Ergebnisse in einem KPL-Prozeß. Wie schon diskutiert, ist es nicht einfach, die Ergebnisse im KPL-Prozeß zuverlässig vorauszusagen, z.B. könnte der Entwicklungsprototyp nicht in allen Funktionen auf Anhieb der marktgerechten Spezifikation entsprechen.

Da die Entwicklungsprozesse komplexer und schneller geworden sind, haben sich auch bei der Steuerung der Entwicklungsprozesse die Paradigmen deutlich verschoben. Die erfolgreichen Unternehmen beweisen, daß man sich zu einem proaktiveren Lösungsweg durchringen kann. Ihre interdisziplinären Teams werden befähigt und ermächtigt, mehr Eigenkontrolle auszuüben. Die Verantwortung für die Ergebnisse werden dorthin zurückdelegiert wo sie natürlicherweise auch hingehörten, und zwar ins Team selbst. Diejenigen, die sich am besten mit der Implementierung auskennen, tragen jetzt auch wieder mehr Verantwortung für die geeigneten Lösungen. Ein altes deutsches Sprichwort unterliegt einer längst überfälligen Umkehrung - in einer proaktiven Organisation sollte es heute lauten: „Kontrolle ist gut, aber Vertrauen ist viel besser". Dieser Spruch entbindet den IPL und sein Team natürlich nicht von seiner Gesamtverantwortung und auch nicht von der Selbstverantwortung aller Teammitglieder in interdisziplinären Projekten. Deshalb muß der Entwicklungsprozeß zu jeder Zeit von den Beteiligten gut verstanden und akzeptiert werden, damit eine Kontrolle sinnvoll durchgeführt werden kann. Bevor die verschiedenen Teilbereiche integriert werden, ist der Grad der Ungewissheit gewöhnlich noch relativ hoch. Auch aus diesem Grund sollten Projektpläne eine gewisse Flexibilität für Alternativen enthalten.

Daß eine Kontrolle nur dann effektiv sein kann, wenn alle Beteiligten dasselbe Verständnis der Projektherausforderung besitzen, wird zu häufig übersehen. Dieses gemeinsame Verständnis baut sich mit einer guten Kommunikation schon während der Planungsphase auf. Der IPL trägt die Hauptverantwortung dafür, daß mittels einer offenen Kommunikation die Entscheidungsträger und Verantwortlichen im gesamten KPL-Prozeß über die Entwicklungen voll im Bilde sind. (vgl. hierzu die Abb. 10.1 auf der folgenden Seite).

Schriftliche Berichte werden häufig verspätet angefertigt und von Verantwortlichen deshalb auch zu spät gelesen und kommentiert. Wegen der oben genannten Erfolgsfaktoren muß das Projekt während dieser Zeit trotzdem weiterlaufen, um die immer beweglicher werdenden Marktfenster nicht zu verpassen. Kommunikationsformen wie E-Mail haben hier schon wirkungsvoll zur Reduzierung entsprechender Schwierigkeiten beigetragen.

Periodische, kurze Statusberichte sind ein zuverlässiges Kontrollwerkzeug. Die Beteiligten sollten sich vorher über die Struktur und Inhalte dieser Berichte einig werden. Wöchentliche, kurze Projektstatus-Meetings sind gewöhnlich unerläßlich. Bei diesen Meetings werden wertvolle Informationen ausgetauscht, Probleme identifiziert und gelöst, neue Ziele gesetzt und das Team für diese Ziele und Aufgaben motiviert. Der IPL wirkt hier auch als Moderator und achtet darauf, daß es bei diesen Meetings nicht zu demotivierenden Mißstimmungen kommt.

Die Meßbarkeit der Ergebnisse ist nicht immer einfach. Aus diesem Grunde muß der KPL-Prozeß für die Implementierungsphase gut definierte Meilensteine festhalten. Diese Meilensteine können wenn nötig während der periodischen Meetings neu definiert werden. Da die Innovation immer eine Reise mit Überraschungen sein kann, müssen Sie für ihren Verlauf auch eine gewisse Flexibilität einräumen, die allerdings niemanden aus der Verantwortung entläßt. Bei sehr großen oder komplexen Projekten bedient man sich häufiger der dynamischen Computermodellierung, um die Meßbarkeit der Prozesse und Herausforderungen effektiver zu gestalten. Beim Erreichen der Zwischenziele kann motivierend auch direkt Bezug auf die individuelle Leistung der Mitarbeiter genommen werden. Hierbei muß der IPL darauf achten, daß ein spezifisches Präferenzen- und Motivationsprofil (WPP-Inventur, AnhangII) des Einzelnen mit der Aufgabenstellung im Gleichgewicht bleibt.

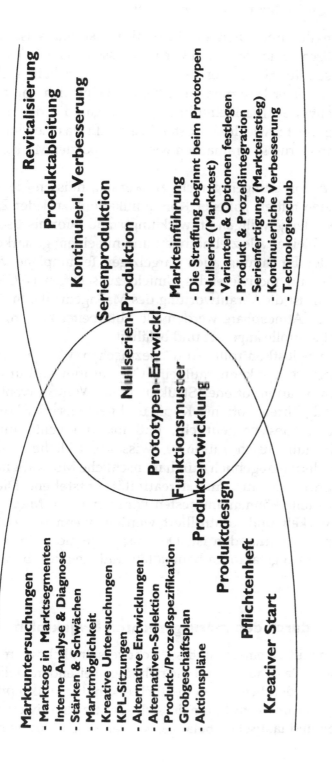

Marktuntersuchungen
- Marktsog in Marktsegmenten
- Interne Analyse & Diagnose
- Stärken & Schwächen
- Marktmöglichkeit
- Kreative Untersuchungen
- KPL-Sitzungen
- Alternative Entwicklungen
- Alternativen-Selektion
- Produkt-/Prozeßspezifikation
- Grobgeschäftsplan
- Aktionspläne

Pflichtenheft

Produktdesign

Produktentwicklung

Funktionsmuster

Prototypen-Entwickl.

Nullserien-Produktion

Serienproduktion

Kontinuierl. Verbesserung

Produktableitung

Revitalisierung

Markteinführung
- Die Straffung beginnt beim Prototypen
- Nullserie (Markttest)
- Varianten & Optionen festlegen
- Produkt & Prozeßintegration
- Serienfertigung (Markteinstieg)
- Kontinuierliche Verbesserung
- Technologieschub

Kreativer Start

Kreative (lockere) Phase

Analytische (straffe) Phase

Abb. 10.1. Marktorientierte Produkt-/Prozeßgestaltung & Technologieschub im Gleichgewicht

10.2 Prioritäten in der Projektkontrolle

Die Einhaltung des optimalen Markteinführungstermins ist fast immer der kritische Erfolgsfaktor. Deshalb müssen sich die Teammitglieder diesen Termin immer deutlich vor Augen halten. Die Wirtschaftlichkeit einer Unternehmung hängt maßgeblich von dieser bedarfsorientierten Markteinführung ab. Sogar die deutliche Überschreitung der Entwicklungskosten beeinflußt das Gewinnergebnis nicht annähernd so dramatisch wie ein verpatzter Markteinstieg.

Um diesen Anforderungen gerecht zu werden, müssen die am Projekt Beteiligten mittels „offener Kommunikation" zu jeder Zeit zuverlässig über den jeweiligen Entwicklungsstand informiert sein. Auf diese Weise bleiben alle zielmotiviert und mit einem gestärkten „Wir-Gefühl" der Einhaltung auch ehrgeiziger Terminpläne verpflichtet. Ein hierfür motivierendes Umfeld zu schaffen (WOKS-Profil, Anhang II) ist die Verantwortung des Managements. In dieser konstruktiven Atmosphäre werden alle Mitarbeiter zur professionellen Selbstkontrolle angeregt und befähigt.

Damit diese Selbstkontrolle zum spezifischen Wettbewerbsvorteil optimiert werden kann, muß eine Organisationskultur mit offener Kommunikation, offener Struktur (s. a. WOKS-Inventur, Anhang II) und „Türen", offener Köpfe und gemeinsamer Werte vorhanden sein. Dies verdeutlicht, daß marktgerechte Innovationen nicht nur durch rationale, wissenschaftliche Hochleistungen, sondern maßgeblich durch menschliche Motivationen, Emotionen, Enthusiasmus und Kreativität entstehen. Diese Wettbewerbsvorteile können am besten vom einzelnen Mitarbeiter selbst entwickelt und kontrolliert werden, wenn das dafür förderliche Umfeld vorhanden ist. Der marktorientierte Projektplan muß diese Erfolgsfaktoren beinhalten und sie aktiv berücksichtigen.

10.3 Kontrolle durch den marktgerechten Projektplan

Der Projektplan muß so einfach und so leicht verständlich wie möglich gestaltet sein. Das Endziel und die richtungsweisenden Meilensteine müssen von den Beteiligten deutlich erkannt und akzeptiert worden sein. Jeder im Team kümmert sich somit zielmotiviert um seine Aufgaben und taktischen Belange, während die Führung sich auf die strategischen Aspekte und die Bereitstellung der Ressourcen konzentriert.

Obwohl der Plan unkompliziert ist, beinhaltet er Flexibilität für die unvorhersehbaren Herausforderungen und Marktmöglichkeiten. Die Analyse des „kritischen Pfades" wird periodisch und aufrichtig durchgeführt, um die Erfolgsfaktoren im Fokus zu behalten. Realistische Pläne entstehen immer erst durch die Mitwirkung des Teams und seiner motivierten Mitglieder.

Die Meßbarkeit der Zwischenziele muß von den Beteiligten verstanden und akzeptiert worden sein. Der Erfolg des Projektverlaufs wird fortwährend mit „Soll-/Istvergleichen" ermittelt und für das Team offen und verständlich dargestellt. Nur durch die professionelle Selbstkontrolle innerhalb einer von Vertrauen und Rücksichtnahme geprägten Teamkultur können wettbewerbsfähige Innovationsziele erreicht werden.

Die konstruktive Selbstkontrolle aller Teammitglieder setzt eine situationsspezifische Selbsterkennung voraus. Aus diesem Grunde muß der IPL den Teammitgliedern bei ihrer Inventur zur Wahrnehmung der persönlichen Präferenzen (s. WPP-Inventur, Anhang II) behilflich sein. Nur wenn der IPL die Motivationen (Präferenzen) seiner Teammitglieder sorgfältig berücksichtigt, kann er die Synergieeffekte im Team optimieren.

Diesen Prozeß der Selbsterkennung und Akzeptanz müssen die Teammitglieder periodisch mit Hilfe des WPP-Werkzeugs (Anhang II) durchführen. Im persönlichen Präferenzenprofil werden 24 Schlüsselaspekte für die erfolgreiche Teamarbeit berücksichtigt. Diese Art des Teamaufbaus minimiert die Reibungsverluste und stärkt das für den langfristigen Erfolg wichtige „Wir-Gefühl" im Team.

KAPITEL 11

EINSATZ DER
KPL-TECHNIKEN

11 Der Einsatz der KPL-Techniken

In den folgenden Abschnitten wollen wir Sie bei Ihren KPL-Aktivitäten zu mehr Intuition ermutigen. Um Ihnen Ihre Entscheidungen bei der Wahl der für Ihre spezifischen Probleme geeigneten KPL-Techniken zu erleichtern, bieten wir Ihnen im Anhang eine Zusammenfassung der verschiedenen KPL-Prozesse an. Diese tabellarische Übersicht soll Ihnen als Quick-Start-Referenz bei Ihren kreativen Problemlösungsreisen dienen.

11.1 Setzen Sie verstärkt Ihre Intuition ein

Zögern Sie nicht, Ihre Intuition in allen Phasen der KPL-Prozesse einzusetzen. Bei effektiven Problemlösungen leistet die Rationalität einen wesentlichen Beitrag. Allerdings schafft die ausschließliche Nutzung der Rationalität in den wenigsten Fällen die besten Lösungen zu komplexen Problemen. Wenn wir nur mit dem rationalen Denken (konvergierendes Denken) die marktgerechten Innovationen schaffen könnten, dann wäre es tatsächlich besser, diese Aufgabe an die äußerst leistungsfähigen Computer abzutreten.

Sowie die Herausforderungen komplexer werden, muß auch die menschliche Intuition (divergierendes Denken) eingesetzt werden, um die kreativeren Lösungsansätze zu finden. Internationale Untersuchungen und Erfahrungen belegen, daß die komplexen Probleme den rein rationalen Ansatz überfordern. Die situationsspezifische Assoziation oder die Mustererkennung, die verschiedene Verbindungen zwischen vielen Variablen spontan auftauchen läßt, bleibt der Rationalität häufig verborgen.

Die Intuition, die sich über Millionen Jahre hinweg entwickelte und endlos bewährt hat, bietet uns bei Lösungen zu komplexen Problemen eine äußerst wertvolle Unterstützung.

Wir sind alle in der Lage, sowohl konvergierendes als auch divergierendes Denken einzusetzen. Bei diesen Denkweisen unterscheiden wir uns häufig in der Verteilung der Präferenzen zur Links-

oder Rechtslastigkeit des Denkens. Es ist eine interessante und lohnende Herausforderung, ein jeweils situationsspezifisches Gleichgewicht zwischen konvergierenden und divergierenden Überlegungen zu halten. Die folgenden Graphiken (Abb. 11.1 und 11.2) verdeutlichen den Unterschied zwischen diesen Überlegungsmustern in bildhafter Anschaulichkeit.

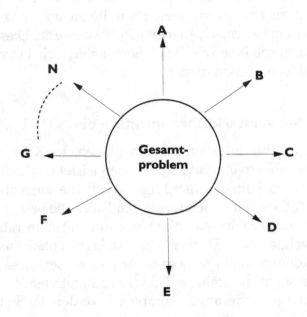

A bis N - Alternativen
Unter diesen Alternativen
können Sie die für Sie am
besten geeignete Lösungs-
möglichkeit auswählen.

Abb. 11.1. Divergierendes Denken

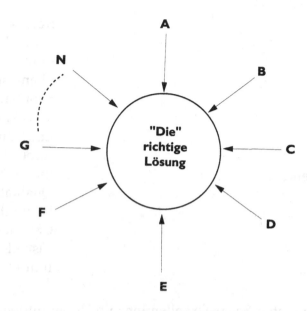

**A bis N - Problemelemente
Die rationale und sorgfältige
Untersuchung "aller" Problemelemente
soll die "eine" richtige Lösung
ergeben**

Abb. 11.2. Konvergierendes Denken

Diese beiden Denkformen wurden schon vor Jahrtausenden von aufmerksamen und sensiblen Beobachtern in China erkannt. Die Denkprozesse in der rechten Gehirnhälfte (paralleler Prozessor) ermöglichen uns außer der Intuition auch eine sehr schnelle Bildverarbeitung. Der seriell arbeitende Prozessor in der linken Hirnhälfte konzentriert sich u.a. auf Aufgaben wie Spracherkennung, Sprachverarbeitung und Sprachwiedergabe. Die folgende Tabelle gibt die Verteilung typischer rechts- bzw. linkslastiger Denkaufgaben wieder.

Denkprozesse der rechten und der linken Gehirnhälfte (Beispiele)

Links	Rechts
Seriell	Parallel
Logisch	Intuitiv
Realistisch	Phantasievoll
Planend	Spontan
Objektiv	Subjektiv
Intellektuell	Emotional
Strukturiert	Impulsiv
Diskriminierend	Integrativ
Quantitativ	Qualitativ
Linear	Sprunghaft
Analytisch	Ganzheitlich
Verbal	Visuell
Deduktiv	Induktiv

Die oben genannten Beispiele sollen Ihnen nicht vermitteln, daß es eine klare Trennung zwischen den beiden Denkprozessen gibt. Es soll Ihnen deutlich werden, daß unser Gehirn dieselbe Information mit unterschiedlichen Denkprozessen verarbeitet. Der parallele Prozessor ist für unsere KPL-Aufgaben ein bedeutender und äußerst leistungsfähiger Partner. Unsere Kreativität beansprucht natürlich auch andere Gehirnfunktionen. Unschwer zu erkennen ist auch die Tatsache, daß während unserer „KPL-Reise" von der Problemdefinition und der Entwicklung von Alternativen bis hin zur Implementierung und der sich anschließenden Kontrolle beide Denkprozessoren herausgefordert werden.

Da uns die Natur mit diesen unermeßlich wertvollen Denkfähigkeiten ausgerüstet hat, tragen wir auch die Verantwortung diese - sinnvoll und konstruktiv - zum Nutzen aller einzusetzen. Bei ganzheitlicher Betrachtung der KPL-Prozesse wird deutlich, welche interessanten und nützlichen Herausforderungen so gemeistert werden können.

Für die Entwicklung marktgerechter Innovationen gilt es, alle unsere kreativen und analytischen Fähigkeiten konstruktiv zu bündeln. Wenn nicht zuerst etwas Kreatives geschaffen wurde, dann gibt es natürlich auch nichts, an dem sich die Analytiker mit ihren rationalen Fähigkeiten auszeichnen können. Sowohl der kreative als auch der rationale Bereich müssen sich als Teil des Ganzen sehen. Für die Implementierung kreativer Ideen in immer kürzeren Abständen bedarf es einer professionellen Projektstrukturierung, die auch eine situationsspezifische Markteinführung sichert. Die folgende Graphik (Abb. 11.3) verdeutlicht Ihrem leistungsfähigen Bildprozessor noch einmal die nötige Ganzheitlichkeit eines kreativ-strategischen Geschäfts- und Projektplanes.

Abb. 11.3. Der ganzheitliche Geschäfts- und Projektplan

Eine sorgfältige Projektstrukturierung versichert, daß Fehlentwicklungen und Kosten auf ein Minimum reduziert werden. Diese Strukturierung ermöglicht eine klare Übersicht zu dem, „was zu tun ist" (Top Down) und „Wer es wie tun soll" (Bottom up). Diese Art der Steuerung verteilt die Verantwortung auf eine Weise, die das „Wir-Gefühl" in Ihrer Organisation stärkt. Die Verantwortung wird vom Projektleiter an die Teammitglieder verteilt, damit die Gefahr der „kollektiven Nicht-Verantwortung" ausgeschlossen bleibt. Der Integrierende Projektleiter strebt ein gewinnbringendes Gleichgewicht zwischen Qualität, Kostenaufwand und marktgerechter Innovation zum geeigneten Markteinstieg an. Zu große Verzögerungen bei der Markteinführung können den Abstieg einer Organisation bedeuten. Auf welche Faktoren in den verschiedenen Bereichen zu achten ist, wird in Abb. 11.4 verdeutlicht.

Bereiche	Schwachstellen	Konsequenzen
Organisation Struktur & Kultur	Hierachiebelastungen führen häufig zu Halbherzigkeit für das Projektmanagement, ungenügende Rollen und Produktspezifikation sowie keine entscheidungsfreudige Steuerungskooperation	Führt zu Spannungen in der Matrix und zu Schnittstellenproblemen **Zeitverluste bei Markteinführung**
Personal	Kein Gleichgewicht zwischen dem „Markt-Sog" und „Technologie-Schub" Unausgewogenes Projektteam (kein WPP & WOKS-Profil)	Mißverständnisse, die zu zeitraubenden Endlosdiskussionen führen **Zeitverluste bei Markteinführung**
Portfolio	Schieflage zwischen den neuen Mechanismen und den Verbesserungen des Altbewährten sowie fehlende Standards bei der Umsetzung	Innovation & Attraktivität im Gesamtportfolio ist zu niedrig, aber das Risiko für die Vermarktbarkeit ist zu hoch **Marktanteileinbußen**
Phasen	Hemmende Bürokratie verzögert die Über-	Phasen- und Disziplinen-

Bereiche	Schwachstellen	Konsequenzen
	prozeduren, mangelhafte Planungs/ Steuerungsinstrumente	überlappung, ungenügend verlängertes „Stand by" **Zeitverluste bei Markteinführung**
Partner	Gelegenheitsorientierte Halbherzigkeiten anstatt strategische Know-How Allianzen & Kooperation	Lückenhafte Geschäftsaktivitäten und F & E Mißerfolg **Marktanteileinbußen**
Programme &	Problematische Strategieabstimmung, mangelhafte Fokussierung & Unterstützung	Markteinführung „weißer Elefanten" und „Flops" **Marktanteileinbußen**

Erfahrungen und Untersuchungen belegen, daß der Zeitpunkt für den gewinnbringenden Markteinstieg ein sehr kritischer Faktor in der Geschäftsentwicklung ist. Die sich öffnende Schere der verpaßten Marktmöglichkeiten kann eine Organisation ernsthaft schädigen.

Jede Projektverzögerung kann den Markterfolg signifikant reduzieren. Die Projektuhr und die verpaßten Marktmöglichkeiten können nie zurückgewonnen werden.

239

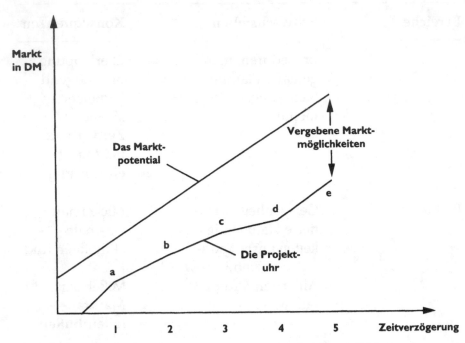

Abb. 11.4. Die offene Schere der verpaßten Marktmöglichkeiten

11.2 Der Intrapreneur (Der Unternehmer im Unternehmen)

Der Intrapreneur ist ein weiterer Schlüsselfaktor für den Erfolg Ihrer Organisation. Der Intrapreneur hat häufig ein teamübergreifendes Interesse, um strategische Geschäftsentwicklungen im größeren Stil zu realisieren. Er ist ein zielmotivierter Mitarbeiter, der beim Aufbau der folgenden Erfolgsfaktoren Ihre beste Unterstützung verdient:

- Einhaltung der Projektzeitpläne,
- offener Informationsaustausch der Teams (Synergieeffekte),
- Konstruktive und marktgerechte Verantwortungsteilung,
- Situationsgerechter Führungsstil,
- Marktgerechte Teamentwicklungsprozesse,
- das „Wir-Gefühl" zwischen den Teams entwickeln,
- alle an der Suche nach Möglichkeiten beteiligen,
- die KPL-Prozesse lückenlos gestalten,
- Marktsog und Technologieschub ins Gleichgewicht bringen,
- den Übergang zwischen „locker und straff" konstruktiv gestalten.

Der Intrapreneur ist von seiner Motivation her ein Unternehmer. Er ist unentwegt auf der Suche nach der nächsten Marktmöglichkeit und nimmt deshalb auch schwächere Signale eines geänderten Marktbedarfs wahr. Der Intrapreneur hat eine Sensibilität entwickelt, mit der er erkennt, wann und wie der KPL-Prozeß marktorientiert gestrafft werden muß.

11.3 Synergieeffekte und Teamaktivitäten

Der Intrapreneur hat ein ausgeprägtes Interesse daran, daß Synergieeffekte zwischen den verschiedenen Projektteams optimiert werden. Er hat erfahren, wie gefährlich es sein kann, wenn Teams oder ihre Mitglieder sich während der „KPL-Reise" auf risikoreiche Abkürzungen einlassen. Aus diesem Grunde achtet er darauf, daß keine der folgenden vier Phasen auf dem Weg zum Gesamterfolg übersprungen wird.

1. Aufbruch - Phase

Gemeinsame Möglichkeiten führen dazu, daß Partner zur objektiven und konstruktiven Situationsanalyse bereit sind. Sie versprechen sich Erkenntnisse und Geschäftsvorteile für die Beteiligten.

2. Frustrations - Phase

Während der Zusammenarbeit beobachtet man eine schwindende Veränderungsbereitschaft. Dies kann hauptsächlich auf zu hohe Erwartungen der Partner zurückgeführt werden. Risikoängste erlauben alten, verdrängten Vorbehalten, wieder an Einfluß zu gewinnen.

3. Migrations - Phase

Die Vertrautheit mit dem neuen Prozessablauf wächst. Mißverständnisse und Unstimmigkeiten werden überwunden. Die Partner erwerben sich ein gemeinsames Besitztum an Werten und Verhaltensweisen. Übergeordnete Ziele und Interessen führen zur Integration.

4. Erfolgs - Phase

Das Erreichen geplanter Synergieeffekte wird den Partnern sichtbar. Die konstruktive Dynamik der interdisziplinären Kreativität wächst. Es gilt darauf zu achten, daß Partner konstruktiv bleiben, auch nachdem Ziele erreicht wurden - um nicht überheblich oder Opfer des Erfolgssyndroms zu werden.

Um den Gesamterfolg langfristig zu sichern, müssen die verschiedenen Projektleiter (IPL) und der Intrapreneur effektiv zusammenarbeiten. Der Intrapreneur sollte sorgfältig darauf achten, daß die Beteiligten die Zusammenhänge der strategischen Geschäftsentwicklungen verstehen. Eine bedarfsspezifische Harmonisierung der strategischen Geschäftsziele mit den Projektzielen kann durch die konstruktive Zusammenarbeit des Intrapreneurs und der Integrierenden Projektleiter zu bedeutenden Synergieeffekten führen.

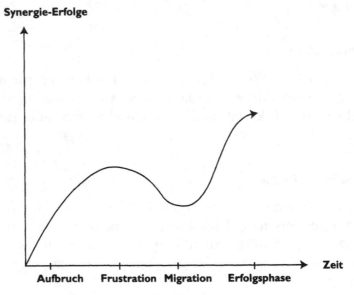

Abb. 11.5. Synergieerfolge interdisziplinärer Teams

Der Synergieerfolg erfordert Mut und Rücksichtnahme in interdisziplinären Teams mit ihrem förderlichen Umfeld. Allein durch die Überwindung der Berührungsängste stellt sich der Erfolg nicht von selbst ein. In vielen Fällen führt der etwas mühsamere Weg vom euphorischen Aufbruch, über die Frustrations- und Migrationsphase hin zum

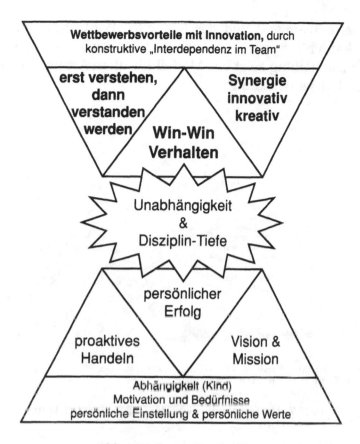

Abb. 11.6. Innovation im Team

gemeinsamen Erfolg. Die integrierenden Projektleiter und die marktgetriebenen Intrapreneurs sind die Schlüsselfaktoren des Erfolges.

11.4 Ganzheitliche Geschäftsentwicklung

Der Intrapreneur ist besonders motiviert, dem interdisziplinären Team mit seinem IPL die Wichtigkeit einer günstigen Marktorientierung zu verdeutlichen. Er möchte die verschiedenen Teams zu einem Macroteam (Unternehmen) bündeln, daß sich strategisch nach gewinnversprechenden Marktsegmenten ausrichtet. Für die meisten Unternehmen wäre es deshalb nützlich, sich in Zukunft mehr als Macroteam zu betrachten. Der heute häufiger beklagte mangelhafte Teamgeist und das fehlende „Wir-Gefühl" in Unternehmen kann hierdurch einen konstruktiven Auftrieb erfahren. Die folgende Darstellung zeigt das Modell für diese Art der ganzheitlichen Geschäftsentwicklung.

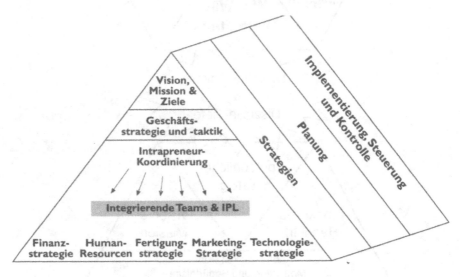

Abb. 11.7. Die Ganzheitlichkeit der Geschäftsentwicklung

Mit den jetzt besser verstandenen Geschäftszielen, -strategien und -taktiken können wir uns jetzt effektiver auf den Aufbau der dafür notwendigen Teams konzentrieren. Zuerst ermittelt ein Geschäftsentwicklungsteam (mit Hilfe der WOKS-Inventur, Anhang II) den „Ist-Zustand" im Unternehmen. Erst nachdem sich die Beteiligten über den Ist-Zustand im Unternehmen einig geworden sind, können realistische Ziele festgelegt werden. Die Summe dieser Ziele stellt hauptsächlich den Plan für den langfristigen Geschäftserfolg dar. Jetzt können die bedarfsgerechten Teams mit Hilfe des WPP-Profils (Anhang II) zusammengestellt werden.

11.5 Der langfristige Geschäftserfolg

Während Sie Ihre Ziele festlegen, stoßen Sie auf eine Eigenart der menschlichen Natur. Wir „beißen" häufig mehr ab, als unser Magen vertragen kann. Dies zeigt sich sehr deutlich, wenn die Ressourcen zur Zielerreichung verteilt werden. Die zur Verfügung gestellten Ressourcen reichen häufig nicht einmal für die strategischen Ziele. Auf der Suche nach Lösungen erinnert man sich dann irgendwann hoffentlich deutlich an die wichtigste Ressource: die menschliche Kreativität (unerschöpfliche Ressource).

11.6 Zusammensetzung des Projektteams

Ein zielmotiviertes Team ist nicht nur eine Gruppe, zusammengesetzt aus den im Moment verfügbaren Mitarbeitern. Das zu erreichende Ziel muß immer das marktorientierte Leistungsprofil des Teams bestimmen. Diese Anforderungen bestimmen das Fähigkeits- und Persönlichkeitsprofil der einzusetzenden Team-Mitglieder. Die Eigenschaften dieser Mitarbeiter können vereinfacht mit einem T-Profil wie folgt dargestellt werden:

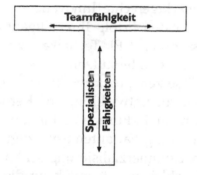

Abb. 11.8. T-Profil (Fähigkeitsprofil)

Die vertikale Ausrichtung des Profils stellt die Spezialistenfähigkeiten des Mitarbeiters dar. Die horizontale Komponente des Profils repräsentiert seine Teamfähigkeit. Häufig gelingt es einer Person durch seine anerkannten Fähigkeiten ein inneres Gleichgewicht und auch eine gewisse Unabhängigkeit für sich zu erreichen, welche auch von den Mitarbeitern respektiert wird. Bei den von uns vorgeschlagenen Projektteams geht es darum, diese Spezialisten in eine für die Beteiligten nützliche Interdependenz in Hochleistungsteams zusammenzuschweißen (s. Abb. 11.8).

Interdependenz in konstruktiv-kreativen Teams bedeutet nicht eine Symbiose zwischen Abhängigen. Allseits respektierte Spezialisten, die sich ihre Unabhängigkeit schwer erarbeitet haben, möchten noch höhere Ziele in der Interdependenz des Hochleistungsteams erreichen. Diese interdisziplinäre Beziehung im Team erfordert Selbstsicherheit und inneres Gleichgewicht bei jedem konstruktiven Mitglied. Nur auf diese Weise können die für den Gesamterfolg notwendigen Synergieeffekte markgerecht zustande kommen. Die innerlich noch unfreien oder abhängigen Mitglieder im Team belasten das Synergieergebnis und sich selbst. Diese Personen müssen ihre persönliche Entwicklungsreise zum teamgerechten „T"-Profil noch fortsetzen.

11.7 Abschließender Hinweis

Um im rasanten Wandel mit innovativen Lösungen zu den sich bietenden Marktmöglichkeiten erfolgreich zu agieren, müssen Sie die KPL-Techniken effektiv einsetzen. Die Fähigkeit individuelle und Teamkreativität in marktgerechte Innovationen umzuwandeln, ist ein Schlüsselfaktor für den Erfolg Ihrer Organisation. Der situationsspezifische Einsatz der KPL-Techniken wird Sie bei diesem wichtigen Prozeß effektiv unterstützen.

Erfahrungsgemäß setzen proaktive Teams fünf bis acht dieser Techniken wiederholt zur Entwicklung von Kernkompetenzen und Wettbewerbsvorteilen ein. In Europa und in Japan wird der Einsatz verschiedener Brainwriting-Varianten bevorzugt.

Ohne eine bessere Kommerzialisierung der konstruktiven Kreativität mit unseren Hochleistungsteams kann die positive Entwicklung des Lebenstandards nicht gesichert werden. Diese Teams werden von einfühlsamen, aber zielmotivierten und integrierenden Projektleitern (IPL) geleitet. Sollten wir den sich anbahnenden Marktmöglichkeiten und Herausforderungen nicht gerecht werden, dann werden sich die erforderlichen Ressourcen global zu unserem Nachteil umorientieren.

Mit dem effektiven Einsatz der KPL-Techniken in Ihren Teams erschließen Sie sich die unerschöpfliche Ressource (Kreativität) zur Entwicklung Ihrer Wettbewerbsvorteile. Die an der Kreativität Beteiligten müssen sich zuerst Klarheit über ihr eigenes Motivations-(Präferenzen-)Profil verschaffen. Für die grafische Wahrnehmung der persönlichen Präferenzen steht Ihnen das „WPP"-Werkzeug (Anhang II) zur Verfügung. Diese Vorgehensweise erlaubt

Ihnen den effektivsten Aufbau der Projektteams mit geringsten Reibungsverlusten.

Die Profile dieser Projektteams sollten denen sich bietenden Marktmöglichkeiten entsprechen. In Bezug auf diese Marktmöglichkeiten müssen Sie eine „Ist-Analyse" in Ihrer Organisation vornehmen. Bei dieser Herausforderung steht Ihnen das „WOKS"-Werkzeug (Anhang II) zur Verfügung. Beim effektiven Einsatz der KPL-Techniken wünschen wir Ihnen den besten Erfolg. Informieren Sie uns gelegentlich über Ihre persönlichen Erfahrungen mit den KPL-Techniken.

Anhang I

Quickstart-Referenz zu den KPL-Techniken und Prozessen

Nr.	Technik	Kurzbeschreib./ Einsatzempfehlung	Seite
Phase A: Umfeldanalyse			
1	Vergleich mit anderen; Benchmarking, „Beste Praktiken"	Wettbewerbsstrategische Situationen zur Entdeckung von Qualitäts- oder Kostenproblemen	39
2	Wettbewerb gegen einen imaginären Wettbewerber	Berücksichtigt die „Besten Praktiken" im Wettbewerb	40
3	Realistische Visionäre oder andere Berater einsetzen	Sollten interne Anstrengungen wirkungslos sein, greifen Sie auf externe Berater zurück	40
4	Wahrnehmung schwacher Signale	Strategische Planungshilfe	41
5	Suche nach Möglichkeiten	Neue Situationen; neue Anwendungen bekannter Kenntnisse und Erfahrungen	42
Phase B: Problemwahrnehmung			
1	Camelot	Sorgt dafür, daß keine Probleme übersehen werden. Eine idealisierte Situation annehmen	45

248

2	Checklisten	Problementdeckung bei schon vorhandenen Produkten bzw. Dienstleistungen; dient der Entwicklung von Vertriebs- ideen	46
3	Inversives Brainstorming	Nach unbefriedigenden Ergebnissen mit den traditio- nellen Techniken bei der Problemwahrnehmung	46
4	Limericks und Parodien	Wenn Routinetechniken nicht zu den gewünschten Ergeb- nissen geführt haben. Humor wird hier bewußt eingesetzt	47
5	Beschwerden sammeln	Man hält Ausschau nach inter- nen und Kundenproblemen	47
6	Auf jemanden reagieren	Wenn jemand Möglichkeiten oder Probleme entdeckt	47
7	Rollenspiele	Persönliche und Gruppen- erkenntnisse. Besonders geeignet für zwischenmensch- liche und kundenorientierte Problemwahrnehmung	47
8	Vorschlagsysteme und -programme	Systematische Problemerken- nung durch kreative Beiträge der Mitarbeiter auf allen Ebenen.	48
9	Workouts & Workshops und andere Gruppen- aktivitäten	Gruppen- und Teameinsatz bei komplexen Problemen. Diese Workshops sind am effektivsten außerhalb der Büroatmosphäre	49

Phase C: Problemidentifizierung

| 1 | Die Meinung eines anderen einholen | Um sicher zu gehen, daß nichts übersehen wurde | 53 |

2	Übereinstimmung entwickeln	Wenn die Definition des Problems durch die Gruppe erforderlich ist	53
3	Das Problem bildlich darstellen	Durch Visualisierung das eigentliche Problem deutlich erkennen	54
4	„Erfahrungskit"	Steigert das persönliche Involviertsein der Teilnehmer	54
5	Fischgräten-Diagramme	Vermittelt besseres Verständnis der Problemursachen	54
6	„Burgherrschaft"	„Burgherrschaft" Definition des Problems durch eine Gruppe mit spielerischem Einsatz	57
7	Neudefinition des Problems oder der Möglickkeit	Erhöht das Verständnis des eigentlichen Problemkerns	58
8	Unterschiedliche Zielumschreibung	Erzeugt verschiedene Perspektiven zum Problem	58
9	„Stauchen und Strecken"	Zum Verständnis der Ursachen komplexer Problembereiche	59
10	Was wissen Sie schon über das Problem?	Steht am Beginn der möglichen Problemidentifizierung	60
11	Welche Muster existieren?	Zum Verständnis komplexer Problemzusammenhänge	60
12	„Warum-Warum-Diagramm"	Zum besseren Verständnis der Ursachen komplexer Probleme	61

Phase D: Annahmen aufstellen

| 1 | Umkehrung der Annahme | Dient dem Verständnis der zugrundeliegenden Annahmen; kann mögliche Lösungsansätze erkennen lassen | 67 |

| 2 | Risiken beim Aufstellen der Annahmen | Informiert über mögliche Gefahren bei der Erstellung von Annahmen | 68 |
| 3 | Positive Kräfte im Risiko nutzen | Herausforderungen als Möglichkeiten erkennen | 69 |

Phase E1: Alternativen entwickeln (Individuelle Basis)

1	Analogien und Metapher	Lassen neue Perspektiven zum Problem entstehen	75
2	Analysen vergangener Lösungen	Wenden Sie Lösungen anderer auf Ihr Problem an!	79
3	Assoziationen	Bringt neuen Elan in die Diskussion; zahlreiche neue Ideen entstehen	79
4	Attribute - Assoziationsketten	Bei Produkt-/Dienstleistungsveränderungen	82
5	Attribute auflisten	Bei Produkt-/Dienstleistungsveränderungen	83
6	„Zurück zum Kunden" und seinen Bedürfnissen	Kundenbedürfnisse besser zufriedenstellen (ähnlich wie „Zurück zur Sonne")	85
7	„Zurück zur Sonne"	Kundenbedürfnisse besser zufriedenstellen (fokussierte Assoziation)	86
8	Kreis der Möglichkeiten	Produkt-/Dienstleistungsveränderungen; vor allem wenn ein Ansatz gewünscht ist	87
9	KPL-Computerprogramme	Komplexe Problemsituationen; Sie werden durch Stufen der kreativen Problemlösung geführt. Verbesserte Prozesse, z. B. beim Brainstorming	89

10	Termine einhalten	Termindruck dient der Steigerung der Kreativität	90
11	Direkte Analogien	Kenntnisse werden von einem Gebiet auf ein anderes übertragen	91
12	Vorhandene Ideenquellen aufbauen	Entdecken neuer Quellen, die Problemlösungen anbieten können	94
13	Überprüfen Sie es mit den Sinnen!	Neue Erkenntnisse zu einfachen und komplexen Problemen	95
14	Die FCB-Matrix	Zur Produktpositionierung im Markt	96
15	Objekt in den Mittelpunkt stellen	Vergleichbar mit der Assoziationstechnik, sowie mit der „erzwungenen Beziehung"	98
16	„Die neue Perspektive"	Bei mangelnder Sicht für die Ganzheitlichkeit des Problems und „den Wald nicht mehr wegen den Bäumen sehen"	100
17	Gedankenfragmente in Fächern anordnen	Dient der Organisation der Ideen; bei komplexen Problemstrukturen	100
18	Gedanken-Notizbuch	Festhalten von Ideen zur späteren Berücksichtigung	101
19	Input-Output	Dient der Entwicklung zahlreicher Lösungsansätze. Besonders für das Engineering und das operative Management geeignet	101
20	Hören Sie Musik!	Alternativenentwicklung mit Hilfe des Unterbewußtseins	103

21	Mind Mapping	Dient der Identifizierung aller Faktoren und untergeordneten Aspekte eines Problems. Entwickelt intuitive Kapazität	104
22	Einsatzmöglichkeiten benennen	Neue Anwendungen für Produkte entwickeln	107
23	Napoleon-Technik	Man erhält völlig neue Erkenntnisse nach fehlgeschlagenen Versuchen mit anderen Techniken	108
24	Organisierte Zufallssuche	Einfache Möglicheit, um neue Ideen und Erkenntnisse zu entwickeln	108
25	Persönliche Analogien	Steigert das persönliche „Involviert-Sein" des Einzelnen während des KPL-Prozesses	108
26	Bildliche Stimulierung	Erkenntnisse durch Visualisierung vertiefen	109
27	Produktverbesserungscheckliste	Entwickelt neue Produkte und verbessert vorhandene	110
28	„In-Beziehung-Setzen"	Dient der raschen Entwicklung vielfältiger Ideen, ähnelt der Assoziationstechnik	111
29	„Verwandte" Worte	Ein künstlerischer Ansatz beim Entwickeln von Produktnamen	112
30	„Umkehrung und wieder zurück"	Bei stagnierender Entwicklungsdynamik zu Problemlösungen	112
31	Im „Gras der Ideen" rollen	Wenn viele Ideen oder Konzepte sowie Erkenntnisse erarbeitet werden müssen	112

32	7 x 7 Technik	Das Organisieren der Ideen bei komplexen Problemen	113
33	Schlafen Sie darüber / Träumen Sie davon!	Dient der Entwicklung von Alternativen durch das Unterbewußtsein	115
34	„Zwei-Worte-Technik"	Einfache Probleme, die neue Erkenntnisse erfordern	116
35	Kreativitätsstimulierung mit dem Computer	Viele der beschriebenen Techniken mit dem Computer werden auf Software-Basis angewandt	117
36	Verbale Checkliste der Kreativität	Dient der Entwicklung neuer Produkte und Dienstleistungen; verbessert vorhandene Produkte	118
37	Visualisierung	Hilft beim besseren Erkennen des Problems, kann zusammen mit anderen KPL-Techniken eingesetzt werden	122
38	„Was wäre, wenn..."	Strategische Planungshilfe; vorausschauende Szenarienbeschreibung	122

Phase E2: Alternativen entwickeln (Gruppen-Basis)

1	Brainstorming	Zu einfachen Problemen zahlreiche Alternativen entwickeln	126
2	Brainwriting	Alternative zum Brainstorming, weniger spontan	131
3	Brainwriting Pool	Alternative zum Brainstorming, weniger spontan	132
4	Brainwriting 6-3-5	Alternative zum Brainstorming, weniger spontan	133

5	Kreatives Imaging	Visualisierung bei komplexen Problemen	134
6	Kreative Sprünge	Komplexe Probleme, die ganzheitliche Lösungen erfordern, es wird „Imaging" eingesetzt	135
7	Kreativitätskreise	Eine Erweiterung des sog. Qualitätskreisekonzepts, mit Gruppenaktivität	136
8	Crawford Slip Methode	Geht weiter als Brainstorming; vor allem bei komplexen Problemen nützlich	137
9	Delphi-Technik	Komplexe Probleme werden aufgrund von Expertenmeinungen diskutiert	140
10	Exkursionstechnik	Dient vor allem der Gewinnung neuer Perspektiven bei schwachen Ergebnissen mit anderen KPL-Techniken	142
11	Galeriemethode	Mit visuellen Impulsen das sich anschließende Brainstorming anreizen	145
12	Gordon/Little-Technik	Man kann das zu behandelnde Problem aus überschaubarer Distanz betrachten	146
13	Systemunterstützte Gruppenentscheidungen	Nutzung von Computer-Hard- und Software, um die Gruppenentscheidungsfindung zu unterstützen	146
14	Ideen-Tafel	Vergleichbar mit der Galeriemethode; bei geringerem Termindruck	148
15	Ideenauslöser	Teilnehmer werden besonders in die Problemfindung involviert	148

16	Innovationskomitee	vergleichbar mit den sog. Kreativitätskreisen	148
17	Unternehmensübergreifende Innovationsgruppen	Hilfestellung durch außenstehende Organisationen ist in Europa populär	149
18	Die Höhle des Löwen	Zwei Teams, die sich bei der Präsentation des Problems und dessen Lösung abwechseln	149
19	„Lotusblüten-Technik" (Matsumura Yasuo)	Besonders zur Entwicklung von strategischen Szenarien geeignet	150
20	Die Brainstorm-Technik von Mitsubishi	Für komplexe Probleme (mit Mapping-Technik)	152
21	Morphologische Analyse	Produkt-/Dienstleistungsveränderungen nach geordneten Strukturen ausrichten	153
22	NHK Methode	Bei komplexen Problemen	155
23	Nominale Gruppentechnik	Dominante Persönlichkeiten werden in ihrer Einflußnahme eingeschränkt	156
24	Phillips-66-Methode	Um zur Teilnahme am Brainstorming zu ermutigen, werden größere Gruppen in Sechsergruppen aufgeteilt	159
25	Foto-Exkursion	Visuelle Stimulierung zum Brainstorming	160
26	Pin-Karten-Technik	Alternative zum Brainstorming	160
27	Szenario-Writing	Bei komplexen Problemen in der strategischen Planung besonders nützlich	161

| 28 | SIL-Methode | Alternative zum Brainstorming bei komplexen Problemen | 166 |

29 Storyboarding Bei komplexen Problemen identifiziert es die Faktoren und entwickelt zahlreiche Alternativen 166

30 Synectics Bei komplexen Problemen; Kritik ist möglich und erwünscht, Brainstorming mit Metapher- Analogie- und Exkursionsansätzen 184

31 „Nimm fünf" Geht über Brainstorming hinaus; bei komplexen Problemen 185

32 TKJ-Methode Bei komplexen Problemen; verwendet Karten, Diagramme und Assoziationen 186

Phase F: Auswahltechniken

1 Die Ideenbewertungsmatrix Dient der Auswahl von Lösungsangeboten zu allen Problembereichen 193

2 Die Punktmarkierung-Bewertungsmethode Dient der Auswahl von Lösungsangeboten zu allen Problembereichen 196

Phase G: Implementierungstechniken

1 Das Wie-Wie-Diagramm Bestimmt notwendige Aktionen für eine erfolgreiche Implementierung 201

2 Der „Kämpfer" beim Ideenvermarkten Entwicklung und Akzeptanz der Ideen im Unternehmen 203

3 Der Integrierende Projektleiter Für ganzheitliche Lenkung zum Implementierungserfolg 205

Phase H: Lenkung und Kontrolle

1	Kräfte-Feld-Analyse	Dient der Analyse von Implementierungsengpässen und Blockaden	213
2	Zusätzliche Implementierungswerkzeuge	Dient der Beachtung zusätzlicher Bedingungen während der Implementierung	215
3	Techniken zur Implementierungkontrolle	Anmerkungen zum Projektplan und der Projektkontrolle	225

Anhang II

Erfolg durch den Einsatz der „Unerschöpflichen Ressource"

Die Intensivierung des internationalen Wettbewerbs fordert uns, besonders wegen eingeschränkter finanzieller Mittel, zu effektiveren Aktivitäten heraus. Wir brauchen mehr Einfallsreichtum im unternehmerischen Handeln und weniger Festhalten am Status-Quo. Erfahrene Praktiker in Industrie und Wirtschaft wissen aus leidvoller Erfahrung: „Wer etwas Neues unternimmt, der riskiert auch etwas, wer nichts unternimmt, der riskiert am Ende alles".

Die progressiven Wettbewerber sind immer bereit, die vernachlässigten Marktlücken zu füllen. Besonders die Situation mit erhöhten Herausforderungen werden häufig noch durch Ressourcenknappheit verschärft. Die innovativen Unternehmen konzentrieren sich unter solchen Umständen wieder mehr auf die „Unerschöpfliche Ressource", die menschliche Kreativität. Diese Kreativität ist die einzige Ressource, die uns praktisch endlos zur Verfügung steht, so lange wir ihr ein motivierendes Umfeld schaffen.

Wie und mit was sich der einzelne im Detail motiviert, ist nicht immer deutlich oder ganzheitlich zu erkennen. Motivation ist eine vielschichtige Kraft, die von innen nach außen wirkt. Die unbefriedigten und persönlichkeitsspezifischen Bedürfnisse sind die maßgeblichen Gründe, weshalb sich ein Individuum in einer gewissen Weise und Richtung motiviert. Diese Motivation gilt es mit den Zielen der ganzheitlichen Geschäftsentwicklung zu harmonisieren.

Besonders innovative Hochleistungsteams brauchen die strategische Zielorientierungen deutlich vor Augen. Die Richtung dieser Ziele darf sich zum Nutzen aller langfristig nur an realistischen Marktbedürfnissen orientieren. Die für die Strategien verantwortlichen Führungspersönlichkeiten nehmen relevante Schlüsselaspekte in bezug auf eine marktgerechte Organisationskultur und -struktur häufig sehr unterschiedlich wahr. Auch die vermeintlich gemeinsamen Visionen, Missionen, Ziele und Strategien, mit ausgefeiltem Text auf Hochglanzpapier ausgedrückt, können nur selten folgenschwere Mißverständnisse verhindern.

Uns ist allen bekannt: Juristen, Strategen, Controller und Buchhalter interpretieren Text meist anders, als es die progressiven Designer, Technologen oder Marketingspezialisten tun. Es kommt häufig erst zur wirklich konstruktiven Integration der oben genannten Disziplin, wenn eine gemeinsame graphische Kommunikation zwischen den Beteiligten die Organisationskultur und Struktursituation ganzheitlich verdeutlicht. Wie bei einer „SWOT" (Strengths, Weakness, Opportunities & Threats)-Analyse, befaßt sich auch das „WOKS"-Werkzeug mit Schlüsselaspekten der Geschäftsentwicklung.

1 Wahrnehmung der Organisationskultur und -struktur („WOKS")

Die „WOKS"-Graphik wird von unserem parallel arbeitenden Bildprozessor auf der rechten Gehirnhälfte ganzheitlich verarbeitet. Die Ganzheitlichkeit dieses Prozesses ist dem seriellen Textprozessor auf der linken Gehirnhälfte haushoch überlegen. Zukünftig sind die wettbewerbsfähigen Produkt-, Prozeß-, Marketing- und Führungsinnovationen nicht rechtzeitig und ganzheitlich ohne unseren leistungsfähigen Parallelprozessor zu bewältigen. Glücklicherweise befaßt sich dieser Prozessor ebenfalls mit der zukünftig dringend notwendigen Kreativität und Innovation.

Eine im rasanten Wandel begriffene und auf Innovationen ausgerichtete Zukunft fordert die integrierte und graphische Wahrnehmung als solide Grundlage für das Verstehen der Organisationskultur und Struktursituation, um gravierende Fehlinvestitionen zu verhindern. Diese graphische Sprache kann von der Führungsebene bis hin zu den Implementierungsteams gut und zuverlässig verstanden werden. Dieser erste Schritt befaßt sich mit den folgenden 24 Schlüsselaspekten:

Wahrnehmung der Organisationskultur und Struktursituation („WOKS")

Qualitätsbewußtsein:
- geplante Qualität   (Q)
- ausgeführte und wahrgenommene Qualität   (J)

Mitarbeiterbezug:
- Informationsaustausch   (G)
- Wertschätzung der Mitarbeiter   (V)

Kooperation:
- gemeinsame Ziele   (P)
- Zusammenarbeit   (Y)

Zielorientiertheit:
- strategische Orientierung   (M)
- Ergebnisorientierung   (O)

Tatkräftigkeit:
- Engagement (W)
- Aktivität (A)

Unternehmerisches Denken
- geteilte Verantwortung (U)
- Risikobereitschaft (E)

Informelle Kultur:
- informelle Ansätze (F)
- einfache Systeme (S)
  Anpassungsfähigkeit:
- progressiv und innovativ (I)
- reaktives Verhalten (R)

Marktgerechtes und proaktives Verhalten:
- diversifizierendes und differenzierendes Verhalten (D)
- Trendmitgestaltung (T)

Zukunftsorientierung:
- Produkt/Prozeßentwicklung und Innovation (N)
- konstruktive Kreativität (K)

Erfolgsorientierung:
- Profitfokus (X)
- Wachstumsfokus (H)

Umsatzorientierung
- Vermarktungsorientierung (B)
- Kundenbedarfsfokus (C)

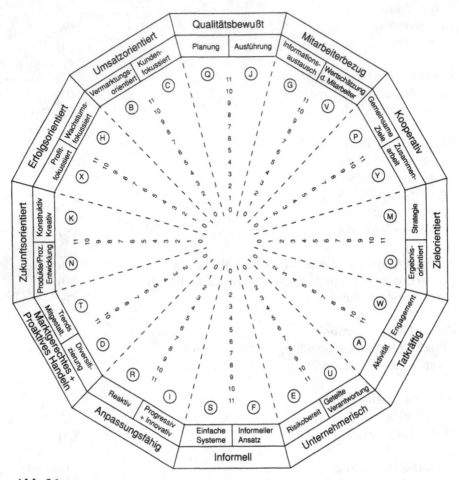

Abb. I.1

Der strategische Selbstfindungsprozeß mit Hilfe des „WOKS"-Werkzeuges ermöglicht die Erkennung und Entwicklung der für den optimalen Markteinstieg nötigen und deshalb wettbewerbsfähigen Kernkompetenzen. In den Diskussionen über das eigene „WOKS"-Profil wird sich die Führung mit den Kernteams über das vorhandene Leistungs- und Verhaltensprofil, sowie die strategisch nötigen Aktivitäten bedarfsgerecht einig. Die Momentaufnahme des Verhaltens-Leistungsportfolios reflektiert den ungeschönten „Ist-Zustand", wie er vom Schlüsselpersonal wahrgenommen wird. Von dieser Basis aus können Sie den geeigneten Weg zu der von Ihnen gewünschten Zukunft planen und beschreiten.

Diese wettbewerbsintensive Zukunft kann nur mit konstruktiv-kreativen Mitarbeitern in interdisziplinären Teams erarbeitet werden. Mit wettbewerbsfähigen Synergieeffekten in Ihrem Teams wird die konstruktive Kreativität der einzelnen Spezialisten mit denen der anderen zu marktgerechten Innovationen gebündelt.

2 Wahrnehmung der Persönlichen Präferenzen („WPP")

Bevor sich diese relativ unabhängigen Spezialisten mit den anderen leistungsfähigen Persönlichkeiten in konstruktiver Interdependenz zum marktgerechten Innovationsteam zusammenschweißen, muß beim Einzelnen eine realistische Selbsterkennung entstehen. Niemand kann den wirklichen Wert seiner Teamkameraden zuverlässig erkennen, wenn er nicht zuerst seine eigenen Präferenzen (Motivationen) aufrichtig erkannt und akzeptiert hat.

Die realistische Wahrnehmung und die konstruktive Kommunikation zu den persönlichen Präferenzen („WPP") ist mit Hilfe der „WPP"-Graphik am effektivsten. Spezifisch für die im hektischen Wandel dringend notwendige graphische Kommunikation wurde das „WPP"-Werkzeug entwickelt und erfolgreich eingesetzt. Die für die Geschäftsentwicklungen wirkungsvollen Projektteams können am besten zusammengestellt werden, wenn die einzelnen „WPP"-Profile in Folienform übereinander gelegt werden, um sie graphisch mit dem bedarfsgerechten Teamprofil optimal abzustimmen.

Das motivierende Umfeld sollte unter anderem folgende Motivatoren berücksichtigen: Verantwortung, Anerkennung, Erfolgs- und Selbstwertgefühl, Akzeptanz im Team, Status sowie Möglichkeiten für die professionelle Entwicklung der Persönlichen Präferenzen.

Die wichtigsten Erfolgskriterien für diese Teams, und somit auch der gesamten Organisation, sind die konstruktive Leistungsbereitschaft und die zielmotivierte Einsatzfreude aller Teammitglieder. Aus diesem Grund müssen die Zielsetzungen, Aufgaben und Positionen im jeweiligen Wirkungsbereich auch mit den individuellen Bedürfnissen, Interessen und Präferenzen konstruktiv und feinfühlig abgestimmt werden. Besonders in bezug auf seine persönlichen Präferenzen wird sich der Mitarbeiter zielmotiviert und synergieträchtig einsetzen. Nur auf diese Weise können Sie die „unerschöpfliche Ressource" (menschliche Kreativität) auch für Ihre Organisation gewinnbringender einsetzen.

Ermöglichen Sie Ihren Mitarbeitern zum Vorteil aller sich über ihre persönlichen Präferenzen konstruktiv Klarheit zu verschaffen, um dann mit anderen Spezialisten im Team marktgerecht Synergieeffekte für Ihre Organisation zu entwickeln. Das „WPP"-Werkzeug wurde speziell für diese Herausforderungen entwickelt und erfolgreich eingesetzt. Mit Hilfe des „WPP"-Antworteheftes kann sich der Mitarbeiter in Bezug auf 24 Schlüsselaspekte in weniger als 25 Minuten eine konstruktive Inventur seiner persönlichen Präferenzen erstellen. Durch die graphische Darstellung dieser Präferenzen wird eine aufrichtige Kommunikation mit sich selbst und dem Team nicht durch mißverständliche Textinterpretationen belastet. Auf diese Weise wird die unerschöpfliche Quelle der „menschlichen Kreativität" (Endlos-Ressource) auch für Ihre Organisation wieder kräftiger zum Sprudeln gebracht. Das „WPP"-Profil berücksichtigt die folgenden 24 Schlüsselaspekte:

Wahrnehmung der Persönlichen Präferenzen („WPP")

Arbeitsstil und Arbeitseinsatz:
- Systematik und Planung   (S)
- Ordnung und Organisation   (Q)
- Interesse an Details   (V)
- Arbeitseinsatz   (B)

Unternehmerisches und proaktives Verhalten:
- Leistungs- und Erfolgsbedürfnis   (K)
- Flexibilität   (J)
- Autonomes Verhalten   (C)
- Kreatives Verhalten   (O)

Soziale Komponenten und Beziehungen
- Bedarf für Beachtung   (D)
- Kontaktfreude und Gewandheit   (A)
- Bedarf für enge persönliche Beziehungen   (W)
- Bedarf für Gruppenzugehörigkeit   (I)

Organisationsanpassung und -einordnung:
- Bedarf für Autoritätsanpassung   (F)
- Bedarf für Anweisungen und Regeln   (G)
- Bedarf für Informationsaustausch   (Y)
- Wertschätzung der Mitarbeiter   (E)

Persönlichkeitsprofil und Temperament:
- Emotionales Gleichgewicht   (P)
- Interessen an Neuem   (U)
- Vitalität und Dynamik   (R)
- Arbeitstempo und Elan   (T)

Führungsbereitschaft und Verantwortungsbewußtsein:
- Führungsanspruch   (N)
- Entscheidungs- und Risikobereitschaft   (X)
- Durchsetzungswille und Konfliktbereitschaft   (M)
- Verantwortsbereitschaft, auch für andere   (H)

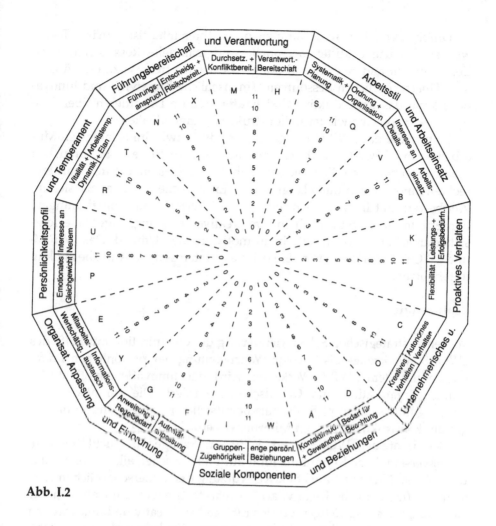

Abb. I.2

Durch die marktgerechte Ausgewogenheit der Teams wird das resultierende Innovationsportfolio zur wettbewerbsfähigsten Kernkompetenz der Organisation weiterentwickelt. Die mit Hilfe der einzelnen „WPP"-Profile abgestimmten Teams wirken mit minimierten Reibungsverlusten und marktorientierter Zielmotivation, die der Führung verständlich bleibt. Die graphische „WPP"-Sprache erlaubt eine unmißverständliche Kommunikation auf allen und zwischen allen Organisationsebenen.

Das für den langfristigen Erfolg dringend notwendige „Wir-Gefühl" erfährt durch diese Teamausgewogenheit und durch die konstruktive Teamkreativität eine wettbewerbsfähige Revitalisierung. Auch Ihre Organisation kann die so entwickelten innovativen Kernkompetenzen zur Verbesserung Ihrer Wettbewerbsfähigkeit konsequenter einsetzen.

265

Durch das effektivere Zusammenspiel in Ihren interdisziplinären Teams werden finanzielle Mittel, personelle und materielle Ressourcen sowie Zeiträume für andere dringend nötige Aktivitäten freigesetzt. Der Einsatz der „Unerschöpflichen Ressourcen" (menschliche Kreativität und Innovation) kann das unproduktive und häufig endlose Debattieren über Ressourcenknappheiten wieder in konstruktive Bahnen lenken.

Nutzen Sie das „WPP"-Werkzeug, um die entwicklungsfähigsten Mitarbeiter und Bewerber früh zu erkennen und zu fördern. Sie brauchen kreative, leistungsfreudige und teamfähige Spezialisten, die mit marktgerechten Innovationen Ihren langfristigen Erfolg sichern. Lassen Sie sich im Wettbewerb mit Innovationen nicht in eine Verfolgerposition abdrängen. Fördern und fordern Sie deshalb Ihre kreativen Leistungsträger zu erfolgsichernden Innovationen mit einem motivierenden Umfeld. Das „WPP"- und „WOKS"-Werkzeug wird Sie bei dieser interessanten Aufgabe effektiv unterstützen.

Schlußworte

Von einer strategischen Selbstorientierung der Organisation mit Hilfe des „WOKS"-Werkzeugs bis hin zur Wahrnehmung der persönlichen Präferenzen mit dem „WPP"-Werkzeug wird der Innovationsquotient der Teams, Organisation und Gesellschaft gefördert. Die verantwortliche Führung muß sich hauptsächlich als Bereitsteller, Befähiger und Ermächtiger der konstruktiv-kreativen Mitarbeiter betrachten.

Der Einsatz der „WOKS"- und „WPP"-Werkzeuge ermöglicht Ihnen die unmißverständliche Kommunikation auf und zwischen allen Ebenen und Disziplinen. Nur so ist die effektive Nutzung der „Unerschöpflichen Ressourcen" (menschliche Kreativität) für marktgetriebene Innovationen zur Sicherung Ihres langfristigen Erfolgs realisierbar. Kreativ und innovativ zu sein, ist unsere natürlichste Verhaltensweise. Wir haben alle die Pflicht, natürlich und konstruktiv mit unserer wichtigsten Ressource umzugehen.